U0159497

意大利经典美食

意大利经典美食

意大利百味来烹饪学院　著　任超　译

北京出版集团公司
北京美术摄影出版社

编 辑
意大利百味来烹饪学院

导语
圭多、卢卡和保罗·巴里拉
詹路易吉·泽蒂
达维德·奥达尼

撰文
马里奥·格拉齐亚主厨
玛丽格雷齐亚·维拉

摄影
阿尔贝托·罗西
马里奥·格拉齐亚主厨
卢卡·萨加主厨

意大利百味来烹饪学院编辑协调人
拉里亚·罗西
查托·莫兰迪
丽贝卡·皮克雷尔

平面设计
玛丽亚·库卡

目录

意大利烹饪

风格多样、有益健康和简单纯粹，正是意大利百味来烹饪学院大厨们精心汇编的菜谱所体现出来的意大利烹饪那黄金一般纯正的品质。美食不同香，各地不同味，菜谱各具特色：意大利面食不但形状千变万化，填充的馅料也别具一格；主菜，因产地而得名（威尼斯的"alla Veneziana"、米兰的"alla Milanese"、摩德纳的"alla Modenese"），或其原名实际上来自方言；而甜品采用的原料必是当地出产。确实，这种创造性的包罗万象，可以被归纳为一个复数而不是单数的概念，称之为"意大利诸菜品"。已经越来越成为一个共识的，就是这种独特的文化资产在其他地方是难得一见的。多样的地域性，因其深厚的烹饪文化、丰富的特产和传统，共同造就了意大利烹饪万花筒般的绚烂。

意大利诸菜品都是出自质朴易作的菜谱，这些菜谱在家族之内口耳相传，不断地改进。除此之外，产生了巨大影响的还有佩莱格里诺·阿尔图西和他著名的面向中产阶级的菜谱书，这是美食家在两位家庭厨师的协助下完成的著作。这本书在知识普及方面对于意大利烹饪产生了重大的影响，不足之处就是它忽略了许多地方菜式，尤其是阿尔图西完全不了解的南方菜品。

意大利烹饪的质朴纯粹，还可以从另一个方面的因素来解释：意大利菜更多地立足于食材和物产，而非像法国菜那样立足于烹饪的过程。这是一个非常重要的因素，尤其是在今天，人们越来越认识到菜品的原料才是首要之重。

通览本书，很容易注意到的一点就是，大多数菜品所使用的原料并不繁复，也不需要华丽的烹饪、前卫厨师的巧技和太空时代的特殊科技。简单纯粹必然导向健康饮食，因为这些努力的终极目的，是释放出质朴的食材自身的味道和气息，而不是使用烹饪技巧来掩盖其本原。

意大利烹饪的竞争优势在于这一事实：丰富多样的菜品和食谱，通过描述各种农作物生长的乡间环境，各种自然资源及其背后的故事和仪式，各种代代相传的美食文化传统，而构成了地域叙事的一种美妙的手段。

圭多、卢卡和保罗·巴里拉

意大利百味来烹饪学院，烹饪和文化

作为一家致力于提高和弘扬意大利烹饪的国际机构，意大利百味来烹饪学院坐落于帕尔马，我们"美丽国度"[1]之美食谷地区（Food Valley）的中心城市。成立于2004年的烹饪学院院址就在百味来意大利面食工厂（Barilla Pasta Factory）的古迹建筑中，矗立在伦索·皮亚诺设计的新百味来中心内。烹饪学院的目的是从模仿中保护意大利烹饪遗产，促进古代知识和实践之结晶的高品质农产品的推广，同时投入了规模宏大的资金和满腔热情的工作，以评估意大利餐饮服务在世界范围内所担当的角色。自2011年起，烹饪学院开始向意大利国外的厨师们颁发一种专业资格证书，名为"意大利烹饪技能证书"（Certificate of Proficiency in Italian Cuisine）。

烹饪学院的帕尔马中心以满足食品科学领域培训需求为设计目的，环绕着一座壮观的美食会堂铺展开来。它包括一个多感觉实验室，许多间配备了最新科技的用于教学和实践培训的教室，一家内部餐馆和一座藏书丰富的美食图书馆，图书馆收藏了超过1万册/页的历史性菜单和烹饪印刷品，以实现在保护传统的同时，将其融入创新的目的。

烹饪学院还向专业人士、烹饪爱好者和那些选择以烹饪文化作为团队建设手段的公司提供训练课程。这些课程会依照客户要求的内容、专业技能水平和训练目的而量身打造。极高质量的教学团队由具有世界声誉的访问学者主厨们组成。

烹饪学院还组织全年无休的美食之旅活动。这项活动可以按照行程和时间来量身定做，带游客探索那蕴含了丰富美食、美酒和文化传统的意大利土地。烹饪学院还营销一系列由资深工匠企业生产，经一流主厨和餐饮业专家精心挑选的意大利高品质土特产。

为了表彰其在评估全世界范围内的意大利文化和创意产业而付出的努力，意大利百味来烹饪学院被授予了"商业和文化大奖"（Premio Impresa-Cultura）。烹饪学院经常组织文化会议，推动文化议题，出版烹饪科学和文化艺术书籍，同时为了使烹饪学院美食图书馆的资源便于在线研究，烹饪学院允许通过美食图书馆的网站 www.academia-barilla.it 查阅书籍和数百种数字化文本。

詹路易吉·泽蒂

---

1. "美丽国度"（Bel Paese）是但丁在《神曲》中创造的对意大利的诗意称呼。——译注

　　起初，我吃到的是家里的短切空心粉，还有足球赛前集训中煮过头的意大利面食。

　　之所以家里是短切空心粉，是因为我的家位于米兰郊外的一个小村庄。米兰位于意大利北部，另外一种意大利面条，那种使得意大利闻名于世的用叉子绕起来吃的长意大利面条，要再往南一点才可以吃到。我们主要吃的是大米，所以在改吃面食的时候，更喜欢那些形似大米多一点的面食——它们又小又短，配着黄油和奶酪一起吃，非常米兰风味。

　　我对短切空心粉的热爱，正是源于我对家乡的回忆。这份爱与我一起成长，随着时间愈发年长成熟，愈发热切深沉（它甚至发展到让我爱屋及乌地将其他形状的意大利面食也囊括其内）。生在意大利的人诚然如此，即便是在某种程度上归化为意大利人的人，而且对我这个以"教育别人如何学习成为一个意大利人"为职业的人，也同样如此。

　　在我的学习中，烹饪是一个有力的工具，而面食就是其中绝妙的手段。确实，在足球集训中吃到的意大利面（而且每次还不止一盘而是两盘），永远都是毫无悬念地煮得烂透（多吃面条多进球）。作为一个还在长身体的孩子，两盘面条是被强制一定要吃光的。

　　今天，那些我们在足球集训中被强制吃下的成堆的煮过头的面食，已经在我的记忆中融入了团队精神、赛场上的奔跑、那些甜蜜的胜利和苦涩的失败。所有这些原料，在我的记忆中融为一体，只留下美好的感觉，如同所有那些青春的热情一样。感觉很好，是因为它们已经在快乐的时光里被吃掉，消化掉，新陈代谢掉了。要不要再试试呢？算了吧，至少足球就算了，这个爱好已经被我"踢掉"了，面食倒是还可以试试。我其实已经试过了，我重新发现和重新加深了我对意大利面食的热情。我每天都在加深着我的热情。

　　时光流逝，世事变迁。我今天也已经是烹饪面食之人了。由于我的烹饪遵循传统，我所制作的面食依然是短切空心粉。而且它们从未被煮过头（但是我梦里的意大利面食，依然是小提琴琴弦一样漫长，缠绕于叉子之上。一个至今没有实现的设计之梦，我的伟大的通俗烹饪梦中的另一块重要组成部分）。

　　时光流逝，记忆恒久。那些在家中度过的四季流转的记忆，关注的都是家庭的生活常识和日用节俭。在我的餐馆中，关注的同样都是菜品研发和——为什么不呢？——精打细算。时光流逝，热情依然。团队精神的热情，为了每一天的胜利而努力奋斗的热情，通过为来到鄙店就餐的每一位都献上一盘美好的意大利面食而得到体现。如果应季，我就配

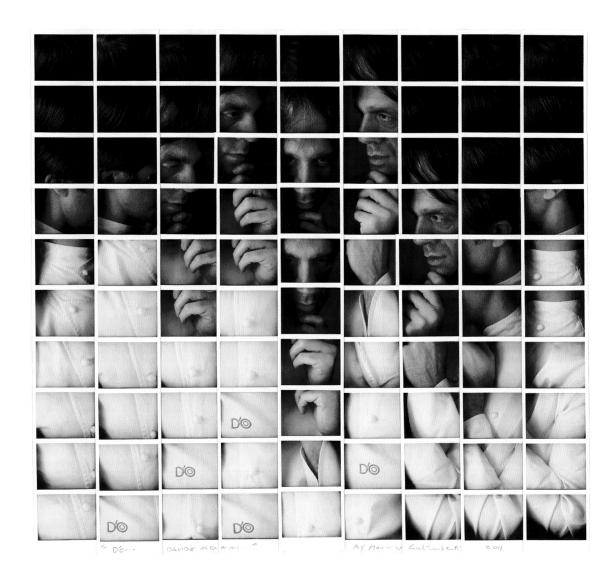

上番茄，如若不然，我的顾客们就只好入店随俗，配着南瓜或者莱蓟来享用意大利面食了。没有任何食材在意大利面食这里享有特权。实在地说，意大利面食本身已经足够丰富了，它完全可以与任何一种食材相搭配，只要这种食材新鲜、优质，能让二者相得益彰。

　　起初，吃下两盘煮得稀烂的短切空心粉就能让球队赢球。今日亦然，只不过比那时候要复杂得多。面食已经不再仅仅是为了比赛前补充碳水化合物。同时也是为了满足食欲，与朋友、家人和全世界分享美食，用优质食材烹饪，还有那一盘让我们奔向家中的热乎乎的意大利面食。

　　除此之外，我也亲自下手……揉面团，在意大利语中，这还真的是一个习语，意思是"参与腐败"。这么好的词汇，被用来表达如此不堪的行为，真是太可惜了。亲自下手来揉揉一团上好的制作意大利面食的面团吧，每个人都会爱上这种体验的。

达维德·奥达尼

意大利，烹饪杰作之国

意大利语中有一个古老的说法：天才就意味着充满耐心。这句话用在"美丽国度"的烹饪身上，也同样合适。每一次因直觉或者领悟而得来的精妙配比的食材组合和烹饪方法而创造出一种成功的菜品，其创新成果都会受到满心欢喜的呵护，传递给后人。有时，食谱会对传下来的信条略有改动——拉丁语中的动词"传承"（*tradere*），本来就同时具有"传递给下一代"和"背叛"的双重含义——但是永远能够拿出烹饪大师之作，供人欣赏品尝。

意大利是独一无二的拥有如此众多美食杰作的国家，而且美食调色板上的颜色非常丰富多样。每个地形区、每个行政区甚至每个城市，都有不同的色彩范围。意大利作为壮游[1]行程中的重要一站，不但能追寻考古遗址、建筑精品和艺术佳作，而且能欣赏美丽乡村，更可以探寻对古代珍馐的现代诠释。历史、气候、环境、工艺和创造力融合在一起，不断地熔铸着无与伦比的和谐。

利古里亚地区的青酱拧面，巴罗洛红葡萄酒炖牛肉，瓦莱达奥斯塔奶酪火锅，米兰调味饭，果馅卷饼，维琴察腌鳕鱼干，的里雅斯特多刺蜘蛛蟹（Granseola alla Triestina），瑞士甜菜馄饨，佛罗伦萨大牛排，佩扎罗鸡肝千层面（Vincisgrassi Pesaresi），诺奇亚（Norcia）蘑菇炒鸡蛋，犹太炸菜蓟，佩斯卡拉巧克力外壳蛋糕（Parrozzo），螺丝面（Fusilli），油炸马苏里拉奶酪三明治，来自阿普利亚地区的咸味环形小饼干（Taralli），小空心粉（Cavatelli）配西洋油菜，乱炖（Ghiotta）剑鱼，诺尔马波纹管面，意大利长细面配腌熏鱼子。这一堆的美味，只是意大利传统烹饪所可能构成的众多美食行程中的一个，这个菜单可以一直继续下去。据估计，从意大利最北端的布鲁尼科镇到最南端的帕塞罗角，仅仅是经典菜品的基本形式，就有超过3000种。如果考虑到相同菜品多年来所积累的各种不同的地方做法，数目将会更多。在本书中，意大利百味来烹饪学院只能选择数量有限的菜谱，我们很清楚地知道，这样就不得不忽略掉许

1.壮游（Grand Tour）是指自文艺复兴时期以后，欧洲贵族子弟进行的一种横贯欧洲的传统旅行，后来也扩展到富有的平民阶层。壮游尤其盛行于18世纪的英国，留下了丰富的文字记述。——译注

多其他重要的菜谱。立足于向世界推介意大利烹饪的角度而言，我们认为这130种食谱是最基本的，无论从质量、地道和共识方面，皆是如此。

美味之变化

从前菜到甜品，贯穿意大利半岛的典型菜肴中，许多都有着卑微的起源和简单、便宜、日常的成分，同时又充满了想象力和美味。许多菜品都完美地实践了"发明创造是穷人的天才"这一真理。只要想想所有那些使用富含脂肪的鱼类所配制的佳肴，诱人的形色和香味足以使任何一位美食家为之陶醉。例如西西里岛名菜填馅沙丁鱼卷——这是一种精致的贵族菜品"填馅小禽"［准确地说就是林莺（beccafichi）］的廉价版本——的美味沙丁鱼，也叫酸酱沙丁鱼（Sardelle in Soar），就是威尼斯渔民为了长途航行而发明的；再如来自阿普利亚地区的脆皮焗烤（Arracanate）［方言的脆皮焗烤（Au Gratin）］鳀鱼（Anchovy），就是把鳀鱼与面包屑、大蒜、薄荷和刺山柑花蕾一起放在烤盘里，撒上牛至（Oregano）和油，用烤箱烤制而成的。

其中，甚至也有传承而来的，在某些情况下经过了修改和调整以适应现代标准的贵族菜品。例如，米兰猪肉砂锅（Cassoeula）——来自一种包含不同部位的肉类而不仅仅是纯猪肉的巴洛克式菜肴，再配以类似"费拉拉市的希腊式烤通心粉"（Pasticcio Ferrarese）的酥皮糕点，其中装满了拌着肉酱（Ragù Sauce）和蘑菇的通心粉（Maccheroni）以及奶油调味汁（Béchamel）——就是埃斯特[1]宫廷中豪华美食的后裔。最著名的威尼斯酱料之一的鸡肝酱（Peverada）——烤制珍珠鸡的首选酱料——也直接来自于文艺复兴时期的宴会，当时用来作为红肉和野味的酱料。那时候佛罗伦萨贵族的一道经典菜品叫炖鸡杂（Cibreo di Rigaglie），就是将鸡的内脏和鸡冠以黄油和大蒜嫩煎，再配以蛋黄和柠檬酱一同享用。阿斯科利填馅炸橄榄是由阿斯科利皮切诺地区的地主士绅的厨师们创造的，而奢华的西西里水果奶酪蛋糕（Cassata）的历史则可以追溯到萨拉森人[2]统治该岛时期，是当时最为那些阿拉伯人所喜爱的甜品。当然也有很多菜品的例子，由平民食品上升为精致的特色名菜，或者原本是为少数贵族的餐桌特制，后来也登上了普通人的菜单。

---

1. 埃斯特家族（House of Este，意大利语Estensi，过去被称为Este或d'Este）是一个创立于951年，至今依然存在的欧洲贵族世家。名称起源于意大利城镇埃斯特，曾统治过意大利许多地区和城镇。该家族有众多的分支，其中包括现今英国王室。——译注
2. 萨拉森人（Saracen）是叙利亚阿拉伯人的一支，曾于9世纪中后期统治西西里岛。——译注

"美丽国度"的许多特色名菜都可以追溯到不同的时代。而有一些菜肴，尽管是最近的创作，却已经成为意大利美食的代表。两个例子分别是著名的卡普里沙拉，坎帕尼亚地区传统的消暑前菜；和同样著名的威尼斯提拉米苏，它已经成为意大利乃至全世界最负盛名的勺式甜品（Spoon Desserts）之一。而构成了意大利烹饪中大多数的其他菜品，都已经存在了几个世纪，甚至上千年。只要想想传统的配鹰嘴豆的意大利面，例如阿普利亚地区的鹰嘴豆配面条（Ciceri e Tria），或者巴西利卡塔地区的宽面条配辣鹰嘴豆汤（Lagane e Ceci），就是很好的例子。就连古罗马诗人贺拉斯[1]也迫不及待地要在晚上一到家，就来一大汤碗我们今天所称的切面（tagliatelle），配上韭葱（leek）和鹰嘴豆，大快朵颐一番。与对其他豆类一样，古罗马人全心全意地热衷于这种豆科植物。所有的这些菜谱现在都成了意大利传统的一部分，从典型的撒丁岛冬日菜品蚕豆炖香肠（Favata），到巴西利卡塔的干制蚕豆和菊苣菜，还有来自西西里的豆子制成的糊状干蚕豆碎汤（Maccu），都源于古罗马人对豆子的热爱。

　　在半岛的美食世界中，确实有很多复杂的菜品，然而，绝大多数食谱的特点是优雅和清爽：几种优质食材，一点灵感，加上一点尽可能少处理它们而仍能充分发挥其优势的良苦用心。有一些食谱，例如弗留利地区的农民们用马铃薯和软奶酪制作的意大利蛋饼（Frittata）奶酪酥饼（Frico），将橘类水果简单地配上油、盐和胡椒做成的，作为配菜而非甜品来食用的令人惊艳的沙拉，还有极具托斯卡纳地区风格的番茄粥（Pappa al Pomodoro），非常简单的面包配番茄汤，特点正在于其简单性。

烹饪之统一

　　意大利北方烹饪广泛地使用黄油和猪油膏（lardo），对新鲜的鸡蛋面和有馅的意大利面食有着特殊的偏好，擅长生产奶酪和加工猪肉；而意大利中部烹饪却表现出对橄榄油的喜好，是野味、上好的牛肉、猪肉、羊肉和羊羔肉的天下。另一方面，在南方，占主导地位的是硬粒小麦面食以及鱼、豆类和蔬菜。然而，尽管意大利烹饪似乎是各个地区的烹饪构成的马赛克画，实际上却依然是一个单一的烹饪体系。这似乎是一个悖论，但其实只是看上去矛盾而已，其中的道理并不能一望而知，而需要去理解一下才能

---

1. 昆图斯·贺拉斯·弗拉库斯（拉丁语 Quintus Horatius Flaccus、英语 Horace，公元前65年12月8日—公元前8年11月27日），罗马帝国奥古斯都统治时期著名的诗人、批评家、翻译家，代表作有《诗艺》等。他是古罗马文学"黄金时代"的代表人物之一。——译注

明白。现在距离佩莱格里诺·阿尔图西——弗力市的美食家——直观地认识到意大利烹饪的各个分支具有共同的根源，并将其统一成为一个国家性的"美食的艺术"（*Arte Di Mangiar Bene*），已经过去一个多世纪了。自13世纪以来，许多贵族的宫廷，诸如埃斯特家族、贡扎加家族[1]、美第奇家族[2]、蒙特费尔特罗家族[3]和波旁家族[4]，许多公国，许多共和国和后来的意大利诸国[5]，一直保持着联系，互相交换特产和菜谱，有时甚至交换厨师和烹饪习惯。进而，也许应该感谢这些交流，在烹饪中——而且，最重要的是，在享用美食的过程中——产生了一种共同的精神，弥漫于整个美丽国度。食物是发展友谊的绝佳手段：不但是分享美味，而且是分享感受和记忆的机会，进而建立共同的事业，加强贵族和普通人之间的联盟。它同时也是庆祝宗教盛宴的最可感和最快乐的方式，标志着家庭或社区生活中季节的转换或是重要的事件。

　　对今日而言，意大利烹饪的名声不仅取决于菜品本身或者其食材的卓越，还在于它们所唤起的"美好生活"的感受。这种感受不仅仅是美味佳肴，而且是一种典型的意大利生活方式的隐喻：一种明亮、开放、创意和快乐，美好心境建立起食欲，美食又进而带给人伴随美好心境的生活方式。而这种烹饪哲学，这种适用于厨房以及世界和一切事物的态度，是所有的意大利人所共有的。在菜谱之间也有许多类似之处。只要想想那些整个半岛都在吃的新鲜的和干制的意大利面食，或者想想那些填馅的面食，虽然馅料和形状变化多端，从皮埃蒙特地区的方饺（Agnolotti）到来自艾米利亚地区的圆饺（Anolini），以及来自波坦察市的意大利馄饨（Ravioli），但其原理总是一样的：填馅的面食煮熟后，放在肉汤里或单独盛出来享用。再想想那些制作大米的多变复杂的情况，酱料和成分可能会发生变化，但基本理念依然是相同的；例如来自皮埃蒙特地区、伦巴第地区和威尼托地区的许多种调味饭，或者红酒炖鸡肝调味饭（Riso alla Finanziera），来自特里维索的用欧洲鲈鱼或香肠、鳗鱼、豌豆或菊苣做成的调味饭，以及来自翁布里亚地区的诺奇亚风格调味饭，还有米饭夹心烤馅饼（Timballo）的许多变化做法，从皮亚琴察的米饭"炸弹"到壮观的那不勒斯调味饭馅饼（Sartù），还有很多

1. 贡扎加家族（the Gonzagas）是一个享誉欧洲的意大利贵族世家，于1328—1707年统治意大利曼托瓦公国及其他一些欧洲领土。——译注
2. 美第奇家族（the Medicis）是13—17世纪时期在欧洲拥有强大势力的佛罗伦萨贵族世家。——译注
3. 蒙特费尔特罗家族（the Montefeltros）是一个中世纪至文艺复兴时期的意大利贵族世家，该家族于13世纪起统治意大利北部的乌尔比诺公国，直到1508年绝嗣为止。——译注
4. 波旁家族（House of Bourbon）是一个在欧洲历史上曾断断续续地统治纳瓦拉（1555—1848年），法国（1589—1792年、1815—1830年），西班牙（1700年至今），那不勒斯与西西里（1734—1816年），卢森堡（1964年至今）等国和意大利若干公国的跨国贵族世家。——译注
5. 意大利诸国（Italian states）指19—20世纪初意大利统一运动期间意大利半岛内的各个国家。——译注

可以在熟食店里找到的美味小吃，例如罗马的蘑菇肉馅炸饭团（*Supplì*）和西西里的奶酪肉馅炸饭团（Arancini）。在无数种类的意大利浓菜汤（Minestrone）中，蔬菜可能会有所不同，也可能添加某些成分以赋予其风味，如热那亚青酱（Pesto）、熏猪肉、熏猪皮或帕尔马火腿，但是菜品的基本性质是不会改变的。制作团子（Gnocchi）的材料可以是丰丁干酪（Fontina）或粗面粉、乳清干酪（Ricotta）、面包、南瓜或马铃薯。然后再想想制作意大利玉米糊（Polenta）的那多种方式，从科摩市风格的做法到配以猪肉面条酱（Ragù）的典型莫利塞地区做法。还有比萨饼，从经典的那不勒斯馅饼式样到与其关系密切的，经常装饰着典型的本地特产的那些式样，例如伦巴第地区的有南瓜和戈尔贡佐拉干酪，拉齐奥地区的有罗马绵羊奶酪（Pecorino Romano）和豆子，西西里地区的有波罗伏洛干酪（Provola）和樱桃番茄（Cherry Tomato）。还有从热那亚意大利饼（Focaccia）到其阿普利亚版本的成百上千种的意大利饼、开口馅饼（Quiche）和馅饼，以奶酪和蔬菜丰富着其口味。

而且，还有各种各样的鱼汤，沿着亚得里亚海岸的每一个港口都各有其特点，而沿着第勒尼安海岸也同样有无数种类的鱼汤。不过基本上都是同样的模式：各种各样的鱼炖成汤，配上切片面包一起享用。或者许多烹饪猪肚、牛肚的方法，或者所谓的"意大利炸货"（Italian Fritto）（炸鱼或炸肉），或者豆子制成的菜品：在每种情况下都是不同的菜品，却有许多的共同之处。

甜品也是遍及整个半岛的遗产。例如，为了狂欢节而准备的典型的油炸甜品都是相似的，同样的情况还有那些用香料和干果制成的甜品，如阿西尼城的樱桃甜饼（Rocciata），克雷马的海绵蛋糕（Spongarda）和锡耶纳的胡椒饼糕（Panforte）。出于在物质、人类、社会和文化方面对这片土地以及其过去的遗产的尊重，也归功于诗歌的诠释，意大利美食已经成功地复苏了那些最重要的制胜理念，并努力通过精通和坚持来驾驭它们。这一进程，已经毫无浮躁和肤浅地得以开始。假以时日，辅以适度的宽容，奉献必要的关注，杰作必将不断涌现并受到更多的关注。天才，确实就意味着要充满耐心。

前菜

前菜，开口馅饼，馅饼和意大利饼：一个好的开始

前菜就像一本书的引言，述说着作者对自己作品的感受和思考。意大利语中的"前菜"一词是"Antipasto"，其字面的意思就是"餐前小吃"，以此让食客对于随后而来的那些菜品的味道和风味有一个大致的了解。前菜是整个定食菜单的名帖，目的是刺激食客的食欲，但不要吃饱，那样会毁掉他们对于后面菜品的享用。

我们今日所知的意大利正餐中的前菜，起源于大约19世纪中叶。在那个时期，用餐礼仪发生了一个重要的转变。从原来的"法式餐礼"——由文艺复兴和巴洛克时期的大型宴会发展而来的形式，所有的菜品同时一起上桌，食客可以在自助冷盘和新鲜出炉的热菜之间随意取用——转变为更合理和优雅的，我们今天基本上仍然在使用的"俄式餐礼"——不同的菜品依照精确的顺序，逐一渐次上桌。定食菜单这种东西在此时第一次出现，可以让食客精确了解整个餐中的各个菜品，然后根据不同的部分来掌控自己的进餐步调。

意大利餐的前菜通常包含一个腌肉拼盘（各个地区都有自己的精选种类），配腌渍或油浸的蔬菜，还有一卷新鲜黄油或者水果（例如帕尔马火腿配甜瓜、无花果或葡萄）。然而，在正餐的这第一个部分中，美丽国度的烹饪天才是非常狂野不羁的。前菜可以是冷盘，例如现切生肉沙拉；或者热菜，比方猪肩肉炸面团，下帕尔马地区的经典菜品。它们可以很简单，只用几种主要食材，例如几小片帕尔马奶酪，以摩德纳传统的意大利黑醋提味；也可以很复杂，要经过多道烹饪程序，例如湖鱼肉酱。

还可以分为肉类的又称为"山珍"前菜，例如著名的金枪鱼小牛肉（冷小牛肉配金枪鱼酱），和鱼类的又称为"海味"前菜的，例如腌鳗鱼。同时还有以蔬菜为主的前菜，例如皮埃蒙特地区的"辣蘸酱"或者阿斯科利填馅炸橄榄。

香薄荷馅饼和意大利饼，从"切奇纳蔬菜栗子饼"到"意大利蔬菜馅饼"，从比萨饼到"复活节蛋糕"（菠菜馅的复活节馅饼），分量很小，可以绝妙地激发食欲，尤其是在这一顿午餐或晚餐并非正式场合，不打算包含传统的全部各道菜品的情况下。

鉴于目前意大利正餐的组成趋势——变得越来越简单轻松，以迎合强调营养和新生活方式的新观念的需求——前菜变得越来越少量（或者，它们变得越来越重要，以至直接取代了头道或二道菜，甚至两道一起）。在餐前酒阶段，或在自助餐中，或在鸡尾酒会上，享用各种指尖美食形式的前菜，再配上一杯美酒，正在迅速地成为一种喜闻乐见的朋友欢聚方式。在这里，小巧玲珑的精致美食并不是正餐开始的预告，而是其本身就构成了一种更加轻松舒适的替代物，来装点这段与亲朋好友欢聚的快乐时光（这也正是非常典型的意大利生活方式）。

腌鳗鱼

ANGUILLA MARINATA

难度2

配料为4人份
制作时间：13小时（1小时准备+12小时腌制）

鳗鱼 600克
特级初榨橄榄油 25毫升
西葫芦（zucchini） 100克
特罗佩亚（Tropea）红洋葱 150克
胡萝卜 100克
韭葱 150克
红色和黄色彩椒 200克
白葡萄酒醋 200毫升

白葡萄酒 200毫升
胡椒粒 5粒
月桂叶 1片
迷迭香 1小枝
大蒜 1瓣
欧芹（parsley），剁碎 1汤匙
丁香 4瓣
盐 适量

做法

鳗鱼去内脏清理、清洗和去骨。螺旋状卷起，用木扦固定。

蒸8分钟左右，然后放置在耐热玻璃或陶质的盘中。

西葫芦、特罗佩亚红洋葱、胡萝卜、韭葱及红色和黄色彩椒清理并切成菱形小块。

炖锅中放特级初榨橄榄油加热，加入整瓣去皮大蒜、蔬菜、月桂叶和迷迭香。

煎2～4分钟后洒上白葡萄酒和白葡萄酒醋。加盐、胡椒粒和丁香，煮5分钟。

将煮沸的腌料倒在鳗鱼上，让它们自然变凉。腌制12小时。撒上新鲜切碎的欧芹即可。

波河（PO）三角洲的特色菜

腌鳗鱼是波河三角洲河谷里的两个城镇科马基奥（Comacchio）和戈罗（Goro）的经典菜品。甚至早至埃斯特家族统治时期，这个地区就以使用葡萄酒、盐和草药对秋天捕鱼季节从河谷中捕获的银鳗进行加工腌制而著称。埃尔科莱一世公爵（Duke Ercole I），1471—1505年的费拉拉领主，曾经用大量的这种美味食物送给统治里米尼（Rimini）的马拉泰斯塔家族（Malatesta family）作为圣诞礼物。即使今天在意大利北部，腌鳗鱼依然是圣诞前夜晚餐的经典前菜。

从1709年开始，随着在巨大炉膛里烤制鳗鱼的"鳗鱼烤炉"逐渐有规模地建立起来，鳗鱼生产成为工业化行为，并在费拉拉地区保存至今。

皮埃蒙特大蒜鳀鱼蘸酱

BAGNA CAODA

难度2

配料为4人份
制作时间：50分钟（30分钟准备+20分钟烹饪）

大蒜 200克
盐渍鳀鱼 350克
特级初榨橄榄油 275毫升
马铃薯 400克
胡椒 400克
刺菜蓟（cardoon） 250克
胡萝卜 250克
芹菜 250克
韭葱 250克

做法

鳀鱼除去身上的盐并去骨。大蒜剥皮。

炖锅中放特级初榨橄榄油和大蒜，小火加热直至大蒜软化。然后加入去骨鳀鱼，煮至其开始碎裂。将锅中所有东西通过蔬菜粉碎机或食品加工机混合打碎，然后将其倒入带有碗形加热装置的特殊陶器中，以保持酱汁的温度。

清理和洗净马铃薯、胡椒、刺菜蓟、胡萝卜、芹菜、韭葱或者任何其他准备蘸酱食用的蔬菜。除了马铃薯必须煮过，其他蔬菜都可以按照喜好蘸酱食用，生熟皆可。

一定要确保酱汁继续煨煮，在蘸食蔬菜的时候不要变凉。

来自平原的鱼类菜品

皮埃蒙特大蒜鳀鱼蘸酱（bagna caoda，发音为"巴尼亚考达"）是几个世纪前，出现在当地"盐路"（way of the salt）沿线的典型下皮埃蒙特地区（lower Piedmont）菜品。这条"盐路"穿过亚历山德里亚（Alessandria）、阿斯蒂（Asti）、库尼奥（Cuneo）和都灵（Turin）等省份，沿途很容易买到盐渍鳀鱼——这种味道强烈的美味酱料的主要成分。

最初，大蒜鳀鱼蘸酱是在收获季节和秋冬月份吃的。蘸菜只有尼扎蒙费拉托镇（Nizza Monferrato）特产的弯背刺菜蓟，而且胡椒必须是保存在葡萄果渣（pomace）（葡萄酒酿造过程中葡萄的固态残留物）中的。今天的厨师使用各种各样的当季蔬菜，如烤洋葱和甜菜根，煮马铃薯和洋姜（Jerusalem artichoke），以及多种生蔬菜，如芹菜和胡萝卜。

大蒜鳀鱼蘸酱如果配上浓郁的红葡萄酒，口味更佳。仅试举几个当地葡萄酒的例子，如巴贝拉（Barbera）、内比奥罗（Nebbiolo）、巴巴莱斯科（Barbaresco）或多姿桃（Dolcetto）等。

卡普里沙拉

CAPRESE

难度1

配料为4人份
制作时间：15分钟

马苏里拉奶酪（水牛奶所制为佳）250克
番茄［牛心形番茄（cuore di bue）为佳］350克
特级初榨橄榄油 30毫升
罗勒（basil）4片
盐 适量

做法

番茄洗净并擦干。

马苏里拉奶酪和番茄切成正常大小的片，用少许盐调味。

罗勒洗净并拍干。

番茄和马苏里拉奶酪在上菜盘中间摆好，用罗勒装饰。

略微撒些特级初榨橄榄油即可。

卡普里岛风味

这种沙拉是意大利夏天的象征：新鲜，简单，清淡，充满了地中海风味。它起源于坎帕尼亚（Campania），是否真的首创于那不勒斯湾（Gulf of Naples）索伦托半岛（Sorrento Peninsula）南边壮丽的卡普里岛上，尚存疑问。

而毫无疑问的是，它之所以著名，是因为卡普里沙拉曾经在20世纪50年代被用来款待埃及法鲁克国王（King Farouk），当时他还是一名重要的国际富豪，就在坎帕尼亚这个美丽岛屿的中心广场上。当他从卡普里岛的小港（Marina Piccola）海滩返回时，他提出要吃点"清淡独特的"，卡普里沙拉让他感到心满意足。从那时起，特别是20世纪70年代以后，卡普里沙拉在世界各地流行起来。还产生了多种变化形式，例如添加胡椒、大蒜、欧芹、牛至或意大利黑醋。

然而，有记载说，其实早在20世纪20年代后期，菲利波·托马索·马里内蒂[1]和他的朋友们在历史悠久的昆西萨那酒店（Quisisana Hotel）举行的晚餐中，这位著名的未来主义诗人鄙视意大利面，（错误地）认为其会软化精神，肥胖身体，于是点了与意大利国旗同色的美味素食菜品：切片"牛奶花"（fiordilatte）马苏里拉奶酪和番茄，配沙拉蔬菜和罗勒。

由于卡普里沙拉在意大利传统上作为前菜或主菜，而从不作为配菜，所以它要求必须使用最优质的新鲜食材来制作。

---

1. 菲利波·托马索·马里内蒂（Filippo Tommaso Marinetti，1876年12月22日—1944年12月2日），意大利诗人，作家，剧作家，编辑。20世纪初未来主义运动带头人，1909年发表《未来主义宣言》。——译注

鹰嘴豆饼

CECÌNA

难度1

配料为4人份
制作时间：12小时25分钟（10分钟准备+12小时放置+15分钟烹饪）

鹰嘴豆粉 300克
水 1升
特级初榨橄榄油 150毫升
盐和胡椒 适量

做法

在一个大碗中，慢慢地将冷水加入鹰嘴豆粉中，混合均匀，避免形成团块。在混合物中加盐调味，放置12个小时。

不时地用撇渣器除去形成的泡沫。

将特级初榨橄榄油倒入浅宽的烤盘（铜质镀锡铜为佳），然后加入鹰嘴豆粉和水的混合物，用木勺搅拌，使油均匀分散（混合物厚度应为2毫米左右）。

将烤盘放入220℃的热烤箱中，烘烤至表面形成金黄色的外壳。

烤熟后，将鹰嘴豆饼切成小块，趁热撒上新鲜磨制的胡椒粉即可。

美味鹰嘴豆

作为前菜的鹰嘴豆饼［又称鹰嘴豆平饼（farinata）或鹰嘴豆糕］，是一种典型的托斯卡纳和利古里亚菜品，起源非常古老。古希腊人和古罗马人会将蔬菜泥在烤箱中制作成扁面包。配比略有不同的薄饼也出现在皮埃蒙特地区的其他地方，从亚历山德里亚到阿斯蒂，直到都灵。而在艾米利亚-罗马涅地区（Emilia-Romagna），尤其是在费拉拉，它是最典型的外卖食物之一。它也由热那亚人引入了撒丁岛（Sardinia），在岛北的萨萨里地区（Sassari）和岛南的圣伯多禄岛（Island of San Pietro）都有制作。而西西里岛巴勒莫的传统油炸馅饼（panelle），是用与鹰嘴豆饼相同的成分制成的，但它们较小，用油炸而不是用烤箱烤。

鹰嘴豆饼单独吃就已经很棒了，还可以配上美味的牛肝菌（porcini）、软奶酪，例如利古里亚经典鲜软奶酪（Crescenza/Stracchino），或者切碎的青葱（spring onion），这是热那亚省西部和因佩里亚市（Imperia）周边一带的传统。由于其极高的植物蛋白质含量，鹰嘴豆饼除了作为前菜，也可以作为主菜。在比萨（Pisa）和里窝那（Leghorn），它也被作为意式香饼（focaccia）和三明治的美味馅料。

雷焦艾米利亚菠菜馅饼

ERBAZZONE REGGIANO

难度2

配料为4人份
制作时间：1小时30分钟（1小时准备+30分钟烹饪）

面皮原料
面粉 150克
黄油 15克
盐 5克
气泡水 适量

馅料原料
莙荙菜（chard，叶用甜菜）500克
菠菜 250克

猪油膏（lardo）40克
洋葱 100克
大蒜 1瓣
磨碎的帕尔马干酪 50克
面包屑 适量
肉豆蔻 适量
盐 适量

做法

在工作台上用黄油和气泡水揉面粉。最后加盐，继续揉捏，直至面团光滑均匀。

清理洗净蔬菜，用3/4的猪油膏和切碎的洋葱和大蒜煎炸。如果有必要，将多余的水从蔬菜中挤出，加入盐、一小撮肉豆蔻、面包屑和磨碎的帕尔马干酪，调制成较硬的馅料。

将面团分成两半，一半略大于另一半。将较大的部分轻轻地擀平，放入涂好油的烤盘中。盖上一层馅料，不要太高，然后用另一块已经擀平的面皮盖上。把小块的猪油膏撒在表面，用叉子刺出几个小孔。

在200°C的烤箱中烘烤约30分钟即可。

另有一种高地地区的做法

这种馅饼是雷焦艾米利亚（Reggio Emilia）美食中的瑰宝之一。 在雷焦艾米利亚市，它也被称为"斯卡帕佐尼"（scarpazzone），当地方言的"菜根饼"（scarpasoun）的意大利语转写。这个名字源自这样一个事实，曾经在制作这种美味馅饼时，农村居民会把莙荙菜的"菜根"（scarpa）也加进去，就是位于根部的，白色的不太可口的部分。

在这种馅饼的高地地区做法中，尤其是在卡斯泰尔诺沃内蒙蒂（Castelnovo ne'Monti）和卡尔皮内蒂（Carpineti）地区，粉团是用大米制成的。所使用的粉皮较厚，但粉皮不覆盖馅料。有时会刷上蛋清或撒上糖。山区的菜谱中会有大米好像有点奇怪，对这一问题的解释是，每年3—10月，除草工人从亚平宁山脉（Apennines）地区下到低海拔地区的稻田中来做除草工作，他们每天的工资是1千克大米。

弗留利奶酪薯片

FRICO

难度1

配料为4人份
制作时间：40分钟（30分钟准备+10分钟烹饪）

蒙塔西奥（montasio）奶酪 200克
马铃薯 300克
黄油 20克
盐 20克

做法

洗净马铃薯，带皮放在水里煮，直至熟透。

放凉，然后用大孔的食品擦子剥皮并磨碎。

蒙塔西奥奶酪也擦碎或切成小块。

将黄油熔化在一个小煮锅中，放进马铃薯翻炒，并用一小撮盐调味。添加蒙塔西奥奶酪，混合在一起，就像制作煎蛋卷那样煎炒。5分钟后，将混合物翻过来，然后再煎炒另一面5分钟即可。

蒙塔西奥奶酪，弗留利（FRIULIAN）[1] 地区的伟大成就

弗留利奶酪薯片是一道简单却非常美味的"乡土"前菜（也可以是主菜），其起源可以追溯到弗留利自治区的卡尼亚地区（Carnia）的群山之中。酥脆的和柔软的做法都是弗留利-威尼斯朱利亚美食的典型菜品。弗留利奶酪薯片以本区域的支柱性奶制品蒙塔西奥奶酪制成，而且传统上，要使用不同熟成阶段的奶酪的不同部分来制作。

早在15世纪，为宗主教卢多维科·特雷韦桑（Patriarch Ludovico Trevisan）服务的烹饪大师马蒂诺[2] 就制作过弗留利奶酪薯片的祖先，在小煎锅里做熟的奶酪（caso in patellecte），还特意注明"应在饭后，趁此菜极热时享用"（si vol magnare dopo pasto et caldo caldo）。几个世纪以来，这道菜明确指明了一种食用奶酪边角料的方法，并与意大利玉米糊一起，为工作中的砍柴人和农民提供了饮食。

拥有"地理原产地保护身份"（Protected Geographic Origin Status）的蒙塔西奥奶酪，名字来自尤利安阿尔卑斯山脉[3] 中的一个高原。据史料记载，这种奶酪诞生的地方，在11世纪就有牲畜放牧和奶制品制造。这种弗留利美食的伟大成就的品质，在18世纪末就已经得到如此广泛的承认，以至其生产延伸到了特里维索和贝鲁诺（Belluno）等省份，以及帕多瓦（Padua）和威尼斯地区的几个城镇。

由全脂牛奶制成的蒙塔西奥奶酪具有紧凑的质地和针刺样的小孔，60天—5个月就能熟成为具有柔软细腻味道的"新鲜型"（fresco）。味道更强烈的"中间型"（mezzano）需要长达一年的时间，超过12个月的"成熟型"（stravecchio）味道极其浓烈，适合磨碎食用。

---

1. 弗留利-威尼斯朱利亚（意大利语：Friuli-Venezia Giulia，弗留利语：Friûl Vignesie Julie）是意大利东北部的一个自治区，意大利国内毗邻威尼托大区，国外接壤奥地利、斯洛文尼亚，临亚得里亚海。面积7856平方千米，人口118万，主要城市是的里雅斯特和乌迪内。——译注

2. 马蒂诺·德罗西（Martino de Rossi，15世纪30—80年代）是15世纪烹饪界无与伦比的大师，被公认为是西方世界第一位明星厨师，留有著作《论烹饪艺术》（Liber de Arte Coquinaria，约1463年）。——译注

3. 尤利安阿尔卑斯山脉（Julian Alps），位于意大利东北部和斯洛文尼亚西北部的阿尔卑斯山东部。——译注

意大利马铃薯饼

GATTÒ DI PATATE

难度1

配料为4人份
制作时间：1小时30分钟（1小时准备+30分钟烹饪）

马铃薯 800克
磨碎的帕尔马干酪 40克
那不勒斯萨拉米香肠 150克
火腿 150克
马苏里拉奶酪 250克

欧芹，切碎 1汤匙
鸡蛋 2个
黄油 20克
面包屑 50克
盐和胡椒 适量

做法

洗净马铃薯，带皮放在水里煮。沥干水，放凉马铃薯。然后剥皮磨碎，放在一个碗里。加入鸡蛋、磨碎的帕尔马干酪、那不勒斯萨拉米香肠、做熟的火腿和切片的马苏里拉奶酪。加入盐，撒上胡椒和切碎的欧芹。

给连体模具或4个单独的模具抹上油，撒上面包屑，用准备好的马铃薯泥填满模具。抹平表面，撒上面包屑和黄油小块。（或者，不要混合成分，可以制作不同的几层：马铃薯层、火腿层、萨拉米香肠层和马苏里拉奶酪层，最后用一层马铃薯完成。）

170°C左右烘烤约30分钟即可。

从 GATEAU 到 GATTÒ

意大利马铃薯饼（gattò di patate），这个特别美味可口的前菜或主菜，名字来自法语单词"gateau"，发音为"该透"（gatò），意思就是蛋糕。这种简单美味的家庭菜品是那不勒斯烹饪的经典菜品，担当了将法国式的蛋糕意大利化为意大利马铃薯饼的重任。

在玛丽亚·卡罗莱纳（Maria Carolina）王后——她是哈布斯堡洛林家族的玛丽亚·特里萨（Maria Theresa）的女儿——1768年嫁给波旁家族的费迪南德一世（Ferdinand I of Bourbon）之后，那不勒斯王国（Kingdom of Naples）就成了伟大欧洲美食的舞台。宫廷的餐饮事务被委托给了那些高阶厨师"厨艺大师"（monsieur），他们在那不勒斯人口中被简称作"*monzu*"。没过几年之后，就出现了许多那不勒斯烹饪的经典菜品，也许正是由这些厨师创造的，它们也因此获得了法语名字，如"gattò di patate"。事实上，"gattò"甚至进入了那不勒斯方言关于甜品的词汇中。其中的"结婚蛋糕"（gattò mariaggio）这个词，正是来自法语同一个词"*gateau de mariage*"。

意大利醋浸时蔬

GIARDINIERA

难度1

配料为4人份
制作时间：45分钟（30分钟准备+15分钟烹饪）

花椰菜 500克	葡萄醋 500毫升
胡萝卜 300克	野茴香籽（可选）适量
辣椒 150克	糖 30克
青葱 200克	胡椒粒 适量
黄瓜 200克	盐 适量

做法

清理洗净所有的蔬菜。不要切开青葱。切下花椰菜的花部，黄瓜切片，辣椒切成菱形（你甚至可以使用面食刀做出特殊的形状），并将胡萝卜切成棍形或任何其他你选择的形状。

用葡萄醋在煮锅中煮糖，按口味加盐、胡椒粒和野茴香籽。

将不同类型的蔬菜分别煮在葡萄醋中，放置让它们变脆。

将不同的蔬菜放在玻璃罐中，交替排列，然后将刚才的液体再次煮沸，趁热将其倒入蔬菜中。扣上玻璃瓶，将它们放在冰箱里。制作之后一周内食用。

如果你愿意，你可以通过对罐子进行消毒来保存更长时间。消毒方法为：将盖子在罐子上拧紧，用布将罐子包起来以防破碎，然后将其放入煮锅中。放水没过，小火煮沸至少20分钟，在水中将其放凉，然后检查它们是否拧紧即可。

冬日中的夏天风味

"醋浸时蔬"（giardiniera，演变自giardino，意思是花园）或"乡村醋浸时蔬"（giardiniera campagnola）这样的名称本身以及它的颜色，很容易让人联想起春天的花园。它无疑是意大利美食传统中最著名和最受赞赏的腌制品，并已传播到全国各地。根据制作时候的季节不同，其中可以含有不同的蔬菜，必须要有的是胡萝卜、花椰菜（只要花部）、青葱、辣椒和腌菜用的小黄瓜（gherkin）。各种地方变化不仅在于蔬菜的选择，而且在选择香料和制作方法方面也有差异。例如，在某些情况下，将煮沸的醋和油的混合物用于浸泡蔬菜。

醋浸时蔬过去起源于农民社区，使得即使在冬季也可以吃到各种夏季蔬菜。充满风味和色彩的此菜既可以作为前菜，又可以作为烤肉或腌肉奶酪拼盘非常棒的配菜。

胡椒贻贝

IMPEPATA DI COZZE

难度1

配料为4人份
制作时间：25分钟（20分钟准备+5分钟烹饪）

贻贝 1千克
大蒜 1瓣
特级初榨橄榄油 60毫升
面包（可选）8片
欧芹 适量
胡椒 适量

做法

在煎锅里将特级初榨橄榄油加热。 加入整瓣的去皮大蒜，注意不要让它烧成棕色。

加入清洁好的贻贝，盖上盖子，等到贻贝开口。

然后撒上大量新鲜磨制的胡椒粉和切碎的欧芹来调味。 搅拌均匀。

与面包片一起食用。

有没有好好地刷一刷？

　　贻贝是居住在地中海的几种双壳纲（bivalve）软体动物的通用名。在意大利，贻贝不仅被捕捞而且被广泛养殖。它们特别美味，低脂肪，富含铁，因此而演变出许多菜品。

　　意大利马瑞那拉淡菜番茄大蒜调味汁（cozze alla marinara）的口味是欧芹和柠檬，而塔兰托（Taranto）地方的菜品则使用大蒜和欧芹。贻贝还可以塞入番茄、面包屑、欧芹、牛至、油和少许盐制成的馅料。也可以在烤箱里烤熟，用帕尔马干酪、面包屑、一点油、切碎的欧芹、盐和胡椒制成的馅料。它们可以是意大利面和米饭的美味伴侣，例如扁面（linguine）、切面和长细面（spaghetti）都可以配贻贝。还可以在海鲜长细面（spaghetti allo scoglio）和海鲜调味饭中担任海鲜沙拉的成分。

　　胡椒贻贝是典型的坎帕尼亚菜品。贻贝处理起来很简单，唯一的困难就是要彻底清洗。如果你使用的是养殖贻贝，这不是太难，因为它们没有贝壳上的藤壶（barnacle），就是小而坚硬的白色火山形的寄生物。如果有的话，意味着这些贻贝来自岩石，这种贻贝更小，但具有更丰富的味道。那么应该如何清洁贻贝呢？首先，要用流水冲洗，同时用小刀刮掉藤壶，分离体内所谓的"胡须"（其实是足丝线），将其向上拉，直到从外壳拉出。最后，贻贝应用金属刷或钢丝球擦洗。

生肉沙拉

INSALATA DI CARNE CRUDA

难度1

配料为4人份
制作时间：20分钟

牛肉片 300克
特级初榨橄榄油 80毫升
大蒜 1瓣
盐渍鳀鱼 1条
柠檬 1个
帕尔马干酪 20克
芹菜 100克
松露（truffle）适量
盐和胡椒 适量

做法

用刀切碎牛肉片，将肉放在碗里，用盐和胡椒调味。加入脱盐后剁碎的鳀鱼、整个的去皮大蒜瓣、特级初榨橄榄油和一点柠檬汁。腌制5～10分钟入味，然后取出大蒜瓣。

用钢制压肉器压扁肉。如果有的话，以切片的芹菜、帕尔马干酪片和松露薄片进行装饰。

最后倒上一点特级初榨橄榄油，磨制一些胡椒粉撒在生肉上即可。

以皮埃蒙特式样牛（FASSONA PIEMONTESE）的牛肉为佳

吃生肉的传统具有很显著的皮埃蒙特地区的特色，其中最典型的体现是在阿尔巴（Alba）镇，在这里曾经只有特殊的场合才能享此美味。今天，它是皮埃蒙特的传统前菜：全年都可以吃到（配上应季的白色或黑色松露薄片），但最重要的是在圣诞季。

这种冷盘的肉很容易制作，营养价值很好，应该是皮埃蒙特式样牛品种的牛肉片。式样牛在皮埃蒙特全境都有饲养，甚至远至因佩里亚和萨沃纳（Savona）等省份，以优质的瘦肉而闻名，没有任何结缔组织，这是天然饲料如干草、大麦、玉米和粗料的成果。

用锋利的刀子徒手切肉，意味着肉不会失去其汁水，不会被撕裂，而如果在机器上切碎，就会发生这种情况。肉类可以保持弹性，使其口感美味和鲜脆。

调料可以很简单，只用特级初榨橄榄油、盐、胡椒和柠檬即可，也可以更精致和美味，就像这个食谱中的一样。

油炸马苏里拉奶酪三明治

MOZZARELLA IN CARROZZA

难度1

配料为4人份
制作时间：25分钟（20分钟准备+5分钟烹饪）

切片面包 8片
马苏里拉奶酪 250克
鸡蛋 2个
面包屑 150克
面粉 适量
油炸用油 适量

做法

切下面包皮。

在两片面包之间放置一片马苏里拉奶酪。按压将两片面包合在一起。

首先将三明治浸在面粉中，然后浸在打散的鸡蛋中，最后放在面包屑中。

再次重复这个操作，以获得更紧实的面包屑包层。

用大量的油炸用油来炸三明治，翻面把两面都炸至金黄。

在厨房纸上吸干余油，趁热食用，以品尝马苏里拉奶酪的拉丝美味。

无论水牛奶还是普通牛奶，都是马苏里拉成功的保证

这是一道典型的坎帕尼亚菜品，但它在拉齐奥地区（Latium）也很常见。油炸马苏里拉奶酪三明治是非常美味的前菜，只要包裹在脆面包中的马苏里拉奶酪保证质量上乘即可。

马苏里拉是一种具有微妙风味的新鲜的凝奶酪，它用水牛奶或普通牛奶制成，是意大利南部的标志性特产，闻名世界。水牛型马苏里拉在拉齐奥南部和坎帕尼亚很多见，主要是在卡瑟特（Caserta）和萨勒诺（Salerno）地区，而普通型马苏里拉更为典型的地区是阿布鲁佐（Abruzzo）、莫利塞、卡拉布里亚（Calabria）、阿普利亚和巴西利卡塔。

马苏里拉通常单独吃，有时加一点初榨橄榄油，或加在沙拉中，如美味的"卡普里沙拉"，或用在蔬菜菜品中。马苏里拉也是比萨饼顶部馅料的主要成分之一。这种奶酪的起源可追溯到中世纪。当时由于运输的缓慢，那不勒斯平原上的水牛奶在到达奶品店的时候，就已经开始变酸了，因此其凝乳可以很好地拉出丝来。马苏里拉奶酪的名称来自于"切断"（mozzare），这就是当时奶品店所做的：从一条长而非常柔软的奶酪带上，切下一片拉丝的凝乳，制成单片的奶酪。

阿斯科利填馅炸橄榄

OLIVE ALL'ASCOLANA

难度2

配料为4人份
制作时间：1小时4分钟（1小时准备+4分钟烹饪）

大绿橄榄（阿斯科利嫩橄榄为佳）20颗
瘦猪肉 50克
瘦小牛肉 50克
鸡胸肉 50克
鸡肝 1个
特级初榨橄榄油 20毫升
白葡萄酒 50毫升
磨碎的帕尔马干酪 25克
面粉 50克

鸡蛋 2个
蛋黄 1个
面包屑 100克
肉豆蔻（nutmeg）适量
肉桂（cinnamon）适量
盐和胡椒 适量
油炸用油 适量

做法

用一把小刀挖出橄榄核，沿着核坑以螺旋方向切开。

将挖好的橄榄泡在水中。

馅料做法：在煎锅里用特级初榨橄榄油煎炸切块的猪肉、小牛肉、鸡胸肉和鸡肝。用盐和胡椒调味。洒上白葡萄酒，继续用中火加热约10分钟，如果太干，加入几汤匙水。

煮熟后，放凉，然后剁碎。用胡椒、小撮肉桂和肉豆蔻调味。

加入蛋黄和磨碎的帕尔马干酪，混匀。

把橄榄填上馅料，恢复成原来的形状，将它们先浸在面粉中，然后浸在打散的鸡蛋中，最后放在面包屑中。

用大量沸腾的油炸用油炸制，然后在厨房纸上吸干余油即可。

为特殊场合而准备的橄榄

这道菜是马尔凯大区（Marche）最有代表性的菜品之一。为全世界所熟知和喜爱。"阿斯科利填馅炸橄榄"是阿斯科利皮切诺地区贵族家族的厨师们在19世纪创造的一个老菜品，专门于庆祝重要场合或招待特别嘉宾时享用。

做这种美味前菜的最好的橄榄是在阿斯科利皮切诺和泰拉莫（Teramo）周围生长的那些叫作"阿斯科利嫩橄榄"（ascolane tenere），通常用加了野生茴香籽和当地草药的调味盐水保存。它们是大个的绿色橄榄，果肉多汁，特别的甜，使它们非常适合制作这种美味的馅料。

那不勒斯风味比萨饼

PIZZA ALLA NAPOLETANA

难度2

配料为4人份
制作时间：2小时8分钟或6小时8分钟（30分钟准备+1小时30分钟或5小时30分钟发面+8分钟烹饪）

面饼配料
比萨饼面粉 650克
水 375毫升
新鲜酵母 5克
盐 18克
顶馅配料
番茄浆 600克

坎帕尼亚马苏里拉水牛奶酪 500克
新鲜罗勒 1/2把
特级初榨橄榄油 适量
盐 适量

做法

用水和粉碎的酵母在工作台上揉比萨饼面粉。最后，将盐溶在一点水中加入。

在温暖的房间里覆盖一层塑料膜让面团发起，直至其尺寸翻倍（取决于温度，可能需要1~4小时）。

将面团分成4部分，团成球。在温暖的房间里覆盖一层塑料膜让面团再次发起，直至其尺寸再次翻倍（取决于温度，可能需要30分钟~1小时）。

将大量面粉撒在工作台上，用手压扁面团，然后用手揉面团，使其更平更大。

用一点盐给番茄浆调味，倒入一些特级初榨橄榄油，并将其铺展在扁平的比萨面团上。沥干坎帕尼亚马苏里拉水牛奶酪并将其倒在比萨饼上。

将比萨饼放在烤箱中，以250℃的温度烘烤约8分钟。

比萨饼从烤箱里拿出来的时候，立即撒上事先洗好的新鲜罗勒调味即可。

从那不勒斯到欧洲，从欧洲到世界

比萨饼——和意大利面食一起——是意大利闻名世界的优秀美食之标志。然而，在意大利众多面团、顶馅和烹饪方面都有着显著差异的比萨饼中，唯一被欧盟前身"欧洲共同体"（European Community）官方授予了"传统特色认证"的，只有"那不勒斯风味比萨饼"。它也被提名加入联合国教科文组织世界遗产名录（UNESCO World Heritage List）。

那不勒斯风味比萨饼是严格用木烤炉烹制的。面团柔软呈圆形，其高高的边缘形成了所谓的"框架"（cornicione）。面团中没有脂肪，分别有两种经典做法：番茄、大蒜、牛至和特级初榨橄榄油做成的"意大利番茄大蒜调味汁（alla Marinara）比萨饼"，或者是番茄、马苏里拉奶酪〔享用原产地保护的坎布里亚水牛马苏里拉奶酪或者普通牛奶马苏里拉奶酪（fior di latte）〕、罗勒和特级初榨橄榄油做成的"雏菊比萨饼"（Margherita）。

酸酱沙丁鱼

SARDELLE IN SAOR

难度1

配料为4人份
制作时间：24小时45分钟（45分钟准备+24小时腌制）

沙丁鱼 500克
松子 40克
葡萄干 60克
洋葱 300克
特级初榨橄榄油 60毫升
醋 100毫升
糖 15克
盐 适量
面粉 适量

做法

清理沙丁鱼，去除头部和内脏。纵向打开鱼身，清除骨头。冲洗弄干。

将葡萄干在温水中浸泡至少15分钟，然后排出并控干水。

将一半的特级初榨橄榄油在煎锅中加热，沙丁鱼沾面粉炸制。用盐调味，放在一个碗里。

在一个煮锅里制作酸酱。加热剩余的特级初榨橄榄油，加入切片的洋葱炒制，直到它软化，加入糖。倒入醋煮沸几分钟。加盐、葡萄干和松子。

将沸腾的酱汁浇在沙丁鱼上，放凉。

在冰箱里腌制至少一天即可。

从渔人到救主

这就是一个如何把沙丁鱼这样的"廉价鱼"变成优秀前菜的例子。酸酱沙丁鱼是威尼斯美食中最诱人的菜品之一，传统上要出现在"救主盛宴"（Festa del Redentore）中，这是威尼斯自16世纪末开始的一项庆典，在每年7月的第3个周日举行。

最初的酸酱是威尼斯渔民使用的典型的调料或酱汁，目的是尽可能长时间地保存食物。洋葱用醋和糖煮熟，然后层层的油炸沙丁鱼与陶器容器中的酸甜洋葱交替排列。随着时间的推移，酸酱沙丁鱼的做法变得越来越精致，首先加入葡萄干，然后加入松子，使其变得更甜，更有营养。

自古以来，在海边的小镇，很容易捕获的鱼是许多菜品的主要成分。同样，洋葱被广泛使用，因为富含维生素C，它们能够预防坏血病，这是一种长期缺乏这种维生素导致的疾病，可能会在海上长途旅行中影响船员们。

帕尔马干酪小蛋奶酥

SFORMATINI DI PARMIGIANO-REGGIANO

难度2

配料为4人份
制作时间：40分钟（20分钟准备+20分钟烹饪）

磨碎的帕尔马干酪 90克
新鲜奶油1杯 250毫升
玉米淀粉 10克
牛奶 1汤匙
鸡蛋 2个
黄油 10克

做法

在煮锅里加热新鲜奶油。

用一汤匙牛奶稀释玉米淀粉，然后加入奶油。搅拌，放置冷却几分钟。

打鸡蛋，加入奶油混合物，然后加入磨碎的帕尔马干酪。

用黄油润滑蛋奶酥模具，并用混合物填充。

在烤箱内以150℃的温度烤制约20分钟即可。

乐居"本谷地国"

关于帕尔马干酪——公认的意大利奶酪之王——的第一个文学作品可以追溯到14世纪中期。它出现在乔万尼·薄伽丘第8天的第3个故事——针对画匠卡拉德林的一个恶作剧中。

马索为了捉弄头脑简单的卡拉德林，告诉他有一些带有特殊能力的"魔法石"，包括"鸡血石"，可以使别人看不见携带它的人。卡拉德林非常渴望拥有一个，让他可以不被人看见地走到"换钱所"堆满弗洛林金币的桌前，一夜暴富，连忙问在哪里可以找到它。

这种魔法强大的石头在遥远的"本谷地国"（直到今天这个词仍然代指一个想象的世外桃源，可以免费大吃大喝），"葡萄藤是用腊肠捆住的，花一个铜子就可以买一只大鹅，外加奉送一只小鹅。那儿有一座完全用帕尔马干酪砌成的高山，居民整天到晚没有事做，只是用通心面、炸肉卷放在阉鸡汤里，煮成鲜羹，抛在地上，随便什么人都可以拾来吃，附近还流着一条小河，河里纯粹是最美好的白酒，一滴清水都没有。"[1]

接下来顺理成章地，卡拉德林自认为他发现了鸡血石，结果发现自己陷入了大麻烦……

---

1. 此处《十日谈》的译文和人名都是引用王永年先生的翻译。——译注

罗马炸饭团

SUPPLÌ ALLA ROMANA

难度2

配料为4人份
制作时间：1小时5分钟（1小时准备+5分钟烹饪）

阿尔博里奥圆粒米（Arborio）300克　　马苏里拉奶酪 100克
洋葱 50克　　鸡蛋 2个
特级初榨橄榄油 50毫升　　面粉 50克
白葡萄酒 150毫升　　面包屑 150克
去皮番茄 200克　　盐和胡椒 适量
牛肉馅 100克　　油炸用油 适量
肉汤 1.5升
磨碎的帕尔马干酪 80克
黄油 30克

做法

用盐和胡椒调味牛肉馅，在煎锅中炒一半的特级初榨橄榄油，洒上一半的白葡萄酒，煮大约10分钟。

另起一个煎锅，用其余的特级初榨橄榄油煎炒切碎的洋葱。将阿尔博里奥圆粒米放入煎锅，继续搅拌，让米粒全部涂上油。洒上其余的白葡萄酒，煮至开始蒸发，然后加入去皮的番茄。再煮16～18分钟，分次逐渐加入沸腾的肉汤。当米饭几乎煮熟时，加入做熟的牛肉馅。

当米饭煮至较硬（al dente），从火上取下，与黄油和磨碎的帕尔马干酪搅拌在一起。将混合物在烘烤盘中打散，放置冷却。当它完全变冷的时候，以切成小方块的马苏里拉奶酪为核，在手中团成直径8厘米～9厘米的小球。

将它们沾上面粉、打散的鸡蛋，最后是面包屑。在大量沸腾的油炸用油中煎炸，用漏勺沥干油并放在厨房纸上干燥即可。

样子像电话的美味

据来自首都罗马的一位著名主厨认定，罗马炸饭团是如此美味和营养，完全可以作为一餐中唯一的前菜或头盘。在起源地罗马，它们也被称为"电话炸饭团"（supplì al telefono），因为按照传统吃法的要求，它们要趁热切成两半吃，马苏里拉奶酪拉出的丝就像一部电话。通常在熟食店中都能找到这种炸饭团。

根据最初的做法，炸饭团是用鸡内脏制成的，现在已经被切碎的肉替代，就像制作意大利面食的常规肉酱一样，但是除了这一点之外，这个菜的做法一如既往。与同样著名的"西西里奶酪肉馅炸饭团"（arancino siciliano）不同，罗马炸饭团只用番茄酱，而不加藏红花（saffron）。它是圆柱形的，不制成球形或圆锥形。

湖鱼肉冻

TERRINA DI PESCE DI LAGO

难度3

配料为4人份
制作时间：3小时（1小时准备+2小时成形）

溪红点鲑（salmerino）200克
突唇白鲑（lavarello）150克
欧洲河鲈（persico）100克
芦笋 50克
西葫芦 50克
特罗佩亚红洋葱 100克
红酒醋 50毫升
欧芹 1根

鱼胶（isinglass）40克
水 1.5升
胡椒 3粒
柠檬汁 适量
盐 适量

做法

将所有鱼清理、洗净，从鱼骨上片下鱼肉。用鱼骨、水、欧芹和胡椒粒煮一锅鱼汤，低火煨约30分钟。

将鱼胶浸泡在冷水中足够长的时间，然后控干水，将鱼胶加入沸腾的鱼汤中。用纱布过滤器仔细过滤鱼汤，并用盐调味。

将鱼肉用盐调味后，蒸8分钟左右。然后放凉。如果鱼身上有鱼子，同样处理。芦笋和西葫芦开水焯过，放在冰水中冷却。

将特罗佩亚红洋葱剥皮，切成薄片，水中加盐和一滴柠檬汁或红酒醋，煮15分钟左右。

用塑料保鲜膜衬在模具（或几个单独的模具）内，倒入第一层鱼胶汤。等待它凝固，然后用更多的鱼胶汤交替排列鱼肉和蔬菜，记得留出足够的时间，让鱼胶汤在层与层之间凝固。

以鱼胶汤封顶，放入冰箱至少2个小时让其成形。用泡在流动热水中的利刀切片即可。

三大美味冠军

这三种都是特别珍贵的淡水鱼。溪红点鲑是意大利全境的湖泊、河流和阿尔卑斯山溪流中都可以找到的鲑科鱼类的一种。看上去它就像一只鲑鱼，只是身体更圆，头更大。其长度可达80厘米，重量可达10千克。突唇白鲑也是鲑科的成员，同样在意大利——包括拉齐奥的湖中和阿尔卑斯山麓丘陵地区的大湖里——都可以见到。它的身体轻巧优雅，呈锥形，长着尖头和小嘴。体长可以达到70厘米，但通常都在30厘米~40厘米。

欧洲河鲈较小，最大长度为50厘米，重量约为2千克。原产于意大利北部，也常见于中部和南部、撒丁岛和西西里岛的湖泊和河流。欧洲河鲈具有紧凑的椭圆形身体，头部后面有特征性的隆起。

煎火腿面团

TORTA FRITTA E SPALLA COTTA

难度1

配料为4人份
制作时间：1小时15分钟（40分钟准备+30分钟发面+5分钟烹饪）

油炸面团配料
"00"型面粉 500克
水 125毫升
牛奶 125毫升
新鲜酵母 25克
葵花籽油 25毫升
盐 12克
油炸用油 适量
顶馅配料
圣塞孔多帕尔门塞猪肩火腿 300克

做法

在工作台上堆起"00"型面粉，并在中心做好一个凹坑。在约30℃下将新鲜酵母溶解在水和牛奶中，然后将其全部倒入面粉中，开始揉面。加入葵花籽油，最后加盐。继续揉捏直到面团柔软，光滑，有弹性。

用一片塑料保鲜膜覆盖面团，并在室温下静置约30分钟。用擀面杖将面团推至约3毫米的厚度，并使用带槽的面点轮切出不要太大的菱形。用大量非常热的油炸用油两面煎炸面团（大约需要炸5分钟），趁热食用即可。

新鲜油炸的面团直接从锅中取出，沥干余油，与猪肩火腿——尤其是帕尔马的圣塞孔多帕尔门塞镇出产的——一起享用，火腿冷热均可。您也可以在关着的烤箱中，或者用热水蒸锅加热猪肩火腿，然后将其切成厚片（约2毫米）。油炸面团与艾米利亚-罗马涅地区所有类型的腌制肉类都非常匹配。

朱塞佩·威尔第（GIUSEPPE VERDI）最爱的肉制品

圣塞孔多帕尔门塞猪肩火腿，在帕尔马的整个下谷地区和伦巴第的克雷默那省都有生产，传统上要带骨一起塞在包装中，然后在半水半酒的溶液中煮几个小时。

这种美味芳香细嫩的腌肉，早在古罗马时代就已经声名大振广受赞誉，也深受19世纪意大利歌剧最伟大的大师之一朱塞佩·威尔第（1813—1901年）的欣赏。他经常把它寄给朋友们，并附上亲自写好的信件，详细地说明如何最好地处理和品尝。它可以配上一些不错的油炸面团，再来一杯甜美、清新、鲜艳的当地红葡萄酒芳塔娜。

复活节蛋糕

TORTA PASQUALINA

难度3

配料为4人份
制作时间：2小时15分钟（30分钟准备+1小时饧面+45分钟烹饪）

面皮配料
面粉 500克
特级初榨橄榄油 100毫升
水 280毫升
馅料配料
乳清干酪 300克
磨碎的帕尔马干酪 80克
莙荙菜 500克
鸡蛋 4个
洋葱 1/2个

大蒜 1瓣
欧芹，切碎 1汤匙
黄油 10克
特级初榨橄榄油 30毫升
马郁兰 适量
盐和胡椒 适量

做法

用一点盐、30毫升特级初榨橄榄油和水揉面粉，以获得光滑而较坚硬的面团。

覆盖面团，让它饧至少1个小时。

同时洗净莙荙菜（只使用绿叶），弄干并切碎。

切碎洋葱，在煎锅中放一点特级初榨橄榄油，将洋葱和整个去皮的大蒜煎至软化，做好后盛出来。

煎锅内加入莙荙菜继续煎炒。加入盐、胡椒、切碎的欧芹和一小束马郁兰。

将做好的莙荙菜放凉，然后将其在碗中与乳清干酪混合，再加上磨碎的帕尔马干酪，留出一汤匙备用。

将面团分成8份，其中1份略大于其他7份。把它们擀到尽可能的薄，把它们盖在你的拳头上拉伸开。

蛋糕盘涂油，然后将最大的面皮铺在里面，使面皮的边缘搭出烤盆的边沿。刷一层油，铺上3层面皮，在每一层面皮之间都要刷油。不要在最上一层的顶上刷油。

用乳清干酪和莙荙菜的混合物覆盖面皮，用勺子在混合物中挖出4个凹坑，放一点黄油，每个槽中打入一个鸡蛋。加入盐和胡椒，一小撮马郁兰，并撒上其余的帕尔马干酪。

盖上剩下的4片面皮，在每一层面皮之间刷油。封紧边缘，刷油，用叉子刺穿表面。

180℃烤箱中烘烤约45分钟即可。

戈尔贡佐拉干酪小饼

TORTINE AL GORGONZOLA

难度2

配料为4人份
制作时间：1小时45分钟~2小时（20分钟准备+45~60分钟发面+40分钟烹饪）

鸡蛋 2个
戈尔贡佐拉干酪 150克
黄油 50克
面粉 215克
新鲜酵母 15克
牛奶 70毫升
盐和胡椒 适量
涂油用的黄油和面粉 适量

做法

在碗里用盐和胡椒打鸡蛋。

加入熔化的黄油和新鲜酵母，溶解在微微温热的牛奶中，与面粉一起揉。

加入120克切丁的戈尔贡佐拉干酪。

模具涂黄油和面粉（涂油用），并用混合物填到半满。让混合物发起到一倍（需要45分钟~1小时）。

将剩余的30克戈尔贡佐拉干酪撒在小饼的表面进行装饰。180℃烤箱中烘烤约40分钟即可。

清淡浓烈总相宜

　　戈尔贡佐拉干酪是世界上最著名和最受欢迎的意大利奶酪之一。这种名字来自其原产地米兰附近一个小镇的奶酪，享有地理原产地保护身份。据传说，它是在12世纪由奶酪制造者皮埃尔科·贝加莫（Piermarco Bergamo）发明的，贝加莫无意中将晚上的凝乳与上午的混合在了一起，以这种方式，他获得了真菌在其中生长的混合物。

　　这种在伦巴第和皮埃蒙特生产的奶酪由未经加工的全脂牛奶制成。由于特定真菌在其中生长，它具有稻草黄色和绿色大理石花纹。它有两个版本：带有绿色纹理的软奶油版本（dolce）（牛奶中加入奶油），味道清淡；和带有更加紧密的质地和更多的纹理的浓烈版本（piccante），味道更强烈，芳香更浓郁。软奶油型戈尔贡佐拉成熟至少需要两个月，而浓烈型则需要90~110天。成熟超过数月的称为熟成戈尔贡佐拉（Gorgonzola stravecchio），具有半硬的质地，棕色，味道很强烈。温和的软奶油版本是新鲜、醇厚、口感复杂的红葡萄酒的完美伴侣，同时与白葡萄酒和玫瑰葡萄酒也很般配。而与浓烈版本相配，则需要更丰富的酒香，明显的柔软和相当的余韵（finish）。例如圣酒（Vin Santo）或玛尔维萨里帕瑞（Malvasia delle Lipari）等麦秆酒（Passito）甜品葡萄酒。

鳀鱼皱叶苦苣馅饼

TORTINO DI ALICI E INDIVIA

难度2

配料为4人份
制作时间：45分钟（30分钟准备+15分钟烹饪）

皱叶苦苣 800克
鳀鱼 500克
特级初榨橄榄油 50毫升
面包屑 100克
盐和胡椒 适量

做法

清洗然后弄干皱叶苦苣，并分开叶子。

在煎锅中加热3/4的特级初榨橄榄油，将生叶煎几分钟，直到所有的水分都蒸发掉。用盐和胡椒调味。

蛋糕盘涂油，或用仿羊皮纸衬在下面，将清理去骨洗净的鳀鱼以放射状排列其上。用盐和胡椒调味。

用一部分皱叶苦苣覆盖住鱼身，撒上面包屑。

重复操作至少3层。

洒上剩下的特级初榨橄榄油。

180℃烘烤10~15分钟。

等待几分钟，然后从锅中取出馅饼即可。

苦苣的品质

这种馅饼是犹太人发明的菜品，罗马美食的典型，将富含脂肪的鱼类和蔬菜二者的优点完美地结合在一起。

苦苣（学名Cichorium endivia）是典型的地中海地区植物。富含矿物盐、钙、铁和磷（是所有绿叶蔬菜中最多的），以及矿物质等营养成分，特别是硒，一种保护细胞不老化的抗氧化剂。它还含有丰富的纤维和维生素，特别是维生素A，具有最佳的钾/钠比例。由于其味苦，在古代，苦苣只作为药用植物，以作进补、净化和利尿等。然而今天，拜焯水这一程序所赐，通过在制作的最后阶段对其进行煮烫，这个问题已经消除，苦苣也能用在沙拉里了。有两种苦苣被人工种植：卷曲的和阔叶的。卷曲苦苣（crispum）深深地缩小了卷曲的叶子，围绕着紧凑的核心形成了一个玫瑰花的形状。阔叶苦苣（latifolium/escarole）是广泛种植的品种，具有朝向中心茎的方向，向内折叠的大而脆的波状叶片。

金枪鱼酱冷牛肉

VITELLO TONNATO

难度2

配料为4人份
制作时间：1小时20分钟（40分钟准备+40分钟烹饪）

牛肉配料
小牛肉 600克
特级初榨橄榄油 100毫升
大蒜 1瓣
盐 适量
金枪鱼酱配料
白葡萄酒 100毫升
盐渍鳀鱼 2条
陈面包 30克

红酒醋 50毫升
盐渍刺山柑花蕾 5个
油浸金枪鱼 250克
煮硬的鸡蛋 3个
肉汤 适量

做法

用盐腌一下小牛肉，然后在涂了特级初榨橄榄油的烤盘中略煎成棕色。

加入去皮的整瓣大蒜和已经事先洗净弄干的香料，180℃～200℃烘烤，保持肉仍然是粉红色的。当小牛肉烤熟时，将其从烘烤盘中取出，用白葡萄酒加热熔化烤盘上的残渣。

煮至白葡萄酒蒸发，然后加入脱盐的刺山柑花蕾和鳀鱼、金枪鱼，以及事先浸泡在红酒醋中并挤干水分的陈面包。

煮几分钟，然后将混合物与煮硬的鸡蛋的蛋黄和肉汤混合，以获得合适稠度的酱汁。

切碎小牛肉，与酱汁一起食用。金枪鱼酱冷牛肉也可配以新鲜的沙拉。

纯素食版本的金枪鱼酱冷牛肉

金枪鱼酱冷牛肉是一道典型的皮埃蒙特前菜，经常在圣诞节期间食用，还可以作为夏季美味的主菜。它一直位列十大最受欢迎的菜品。它既可以按照传统食谱，使用煮熟的蛋黄，也可以遵循更省时的现代版本，使用蛋黄酱。然而，19世纪末佩莱格里诺·阿尔图西在他的《烹饪和健康饮食的艺术》中引用的最早的金枪鱼酱冷牛肉的菜谱中，既不用鸡蛋也不用蛋黄酱。这些成分可能是在20世纪才被添加其中的。在纯素食版本的金枪鱼酱冷牛肉中，没有鸡蛋、蛋黄酱、小牛肉、肉汤，金枪鱼或鳀鱼。事实上，虽然这部分看上去有点矛盾，但下面这一做法也应该非常好吃：代替肉类的，是非常薄的小麦面筋或称素肉的切片，这是从小麦、斯佩耳特小麦或东方小麦中获得的蛋白质浓缩物。至于酱汁，可以用煮熟的鹰嘴豆或者白腰豆，与腌制的刺山柑花蕾、柠檬汁、油和酱油混合。这个更清淡和别致的版本，值得尝试。

头盘

头盘：味道的记录

　　这是一个色、香、味、形和风格的烹饪大荟萃。在意大利烹饪中，头盘是充满各种组合和几乎无限之变化的世界。近年来，无论是在家庭还是餐厅的正餐中，它的重要性都在增加。虽然，被称为"头盘"并非是指"头等重要"，而是指"在主菜前头"，但是在当下，将头盘作为唯一的优质主菜来提供蛋白质和碳水化合物，已经是越来越常见的了。简单到仅仅是意大利面条配番茄酱加一点帕尔马干酪的菜谱就是很好的例子。这种情况，难道是来自古代意大利的地方守护神（Genius Loci）之报复吗？毕竟，主要都是围绕着谷物展开其脉络的头盘，正是具有希腊和拉丁起源的古典饮食文化的一部分，而基于肉或鱼的主菜，却与凯尔特和日耳曼饮食文化亲缘关系更近。

　　意大利最为喜闻乐见的头盘，典型意大利食品最鲜明的代表，无可置疑地当然是有"一千零一"种不同烹调方式的意大利面食。它可以是鲜的或干的，填馅或不填，干捞或带汤，按北部方式用鸡蛋和面，或按南部方式不用鸡蛋：来自博洛尼亚的切面、馄饨和千层面，皮埃蒙特的朗格地区的细鲜面，托斯卡纳的宽面，罗马涅地区的条面，曼托瓦的肉馅面，热那亚的细扁面，威尼斯的粗面，瓦尔特林纳地区的短宽面，翁布里亚地区的长条面，阿普利亚的耳朵面，费拉拉的饺子，撒丁岛的面团子，卡拉布里亚的力气面，莫利塞的小空心粉，巴西利卡塔的条纹面，吉他方形面……这些通常是为了特殊场合而特意制作的诱人的意大利面食的菜单，还可以一直列举下去。普通形状的干面食的选择与特殊形状的一样多，既有长形的如扁面、通心面或长管面，又有短形的如直通面、螺丝面或蝴蝶面。实际上在意大利有超过100种不同形状的面食。

　　在意大利，另外一种受欢迎的头盘是意大利团子，柔软的塞满口的面包、粗粒面粉、马铃薯、奶酪或蔬菜做成的丸子，受到全国范围的喜爱。成分、形状和味道可能会变化，但意大利团子永远是美味软糯的菜品，尤其是孩子们的最爱。孩子们也喜欢大米菜品，虽然大米直到15世纪才从东方引入，但目前已经在意大利安家落户，这里生产着现今世界上最好的水稻之一。大米是一种朴素清淡的食物，就像面食，与任何调味料——从最具想象力的到最普通的——都相得益彰。在众多的调味饭和米饭夹心烤馅饼中，它既可以构成非常简单直接的菜品，也可以加入复杂新奇的菜谱。

　　几百甚至上千年以来，汤类一直在意大利人的餐桌上占有显著的重要地位，意大利烹饪中的汤类菜谱也尤其丰富。也许是由于地中海地区餐饮传统中对于蔬菜和豆类具有特别的偏爱，有许多起源于农家的菜品，从加不同豆子的面食，到各种蔬菜浓汤，都与舒缓的生活方式相关联，与自然和季节关系更亲密，同时依然可以满足我们食欲的需求。它们的制作非常简单，往往只是通过加入大蒜、洋葱、香料、猪油膏、烟肉、猪脸肉、蘑菇、鸡肝和鸡杂，就可以大大地增加其美味。

皮埃蒙特方饺

AGNOLOTTI ALLA PIEMONTESE

难度2

配料为4人份
制作时间：1小时2分钟（1小时准备+2分钟烹饪）

面皮配料
白面粉 300克
鸡蛋 3个
馅料配料
特级初榨橄榄油 30毫升
猪腿肉 200克
小牛肉 200克
菠菜 200克
帕尔马干酪 50克
鸡蛋 1个
洋葱 1个
迷迭香 1枝
大蒜 1瓣
月桂叶 1片

肉豆蔻 适量
盐和胡椒 适量
蔬菜汤配料
胡萝卜 1/2根
芹菜，带点叶子 1/2根
洋葱 1/2个
水 1升
盐 适量
酱料配料
黄油 50克
鼠尾草 2枝
肉汁（烤肉流出的汁）100毫升
帕尔马干酪（可选）适量

做法

蔬菜汤做法：清理洗净蔬菜，在1升水中煮至少30分钟，加入盐。过滤蔬菜汤用。

在工作台上堆起白面粉，在其中心挖一个凹坑。将鸡蛋打入坑中并将其混合入面粉中，先用叉子，然后用手揉，直到获得均匀的面团。用塑料薄膜裹起面团，放在冰箱中30分钟。

将切片的洋葱、整瓣大蒜、月桂叶、迷迭香和切成约1厘米见方的猪腿肉和小牛肉一起用特级初榨橄榄油煎炸。

猪腿肉和小牛肉煎熟几分钟后，加入已经清理洗净的菠菜，用盐和胡椒调味，加入一满勺肉汤，继续煮。等液体完全蒸发后，将锅从火上取下。

猪腿肉和小牛肉冷却后，将其倒入食品加工机，加入蛋和磨碎的帕尔马干酪，用肉豆蔻调味，需要的话可以加盐。从冰箱中取出面团，在工作台上用擀面杖或者直接用面条机将其做成10厘米宽的薄条。沿着其中心线堆放馅料（约1小茶匙），间隔约6厘米。折叠薄条以覆盖馅料，用手指捏紧，并用带槽的糕点轮将方饺切割成正方形（也可以使用特殊的模具）。

在煎锅中熔化黄油，加入鼠尾草，小心不要烧糊。同时，在盐水中将方饺煮1~2分钟，用漏勺捞出，用刚才的黄油酱煎炒。加入肉汁拌匀。盛碗并撒上磨碎的帕尔马干酪调味即可。

埃米利亚圆饺

ANOLINI EMILIANI

难度3

配料为4人份
制作时间：16小时5分钟（3小时烹饪肉+12小时搁置+1小时准备+5分钟烹饪）

肉汤 2升
面皮配料
面粉 300克
鸡蛋 3个
馅料配料
牛肉 300克
黄油 75克
面包屑 150克
磨碎的帕尔马干酪 150克
红葡萄酒 约500毫升

芹菜 1根
胡萝卜 1根
洋葱 1个
丁香 1瓣
番茄泥 1小茶匙
鸡蛋 2个
盐和胡椒 适量
肉豆蔻 适量

做法

备好洋葱、胡萝卜和芹菜，并将其切成相同尺寸的小块。

在陶炖锅中加热黄油，一旦黄油熔化，加入洋葱、芹菜和胡萝卜。煮几分钟后，加入用盐和胡椒调味的牛肉，加入丁香。一旦肉开始变深色，用红葡萄酒完全覆盖；如果不足以覆盖肉，加入一点温水。

微火盖上盖子煮约3小时。烹饪一半时加入番茄泥。煮熟后，将肉用食品加工机切碎为肉馅。

在一个大碗中混合面包屑和磨碎的帕尔马干酪，将炖好的肉末与酱汁一起加入，也可以加入用蔬菜磨碎机磨碎的蔬菜。

将2个鸡蛋和一小撮肉豆蔻加入混合物中。用叉子搅拌均匀，放置1夜。

在工作台上的面粉中挖个凹坑准备做鸡蛋面。加入鸡蛋，揉匀面团。用布或塑料薄膜包装盖住面团，让它饧20分钟。

用擀面杖或面食机将面团做成1毫米~2毫米厚的面皮。在一半的面皮上，间隔3厘米~4厘米，放置核桃大小的馅料小球。

将面皮折叠起来，确保边缘封严，不要留有空气，以防在煮的过程中胀开。用专门的切刀或小杯子一下切出圆饺的形状。

在肉汤中煮5~6分钟，与肉汤一起趁热盛出即可。

海鲜窄切面

BAVETTE ALLO SCOGLIO

难度2

配料为4人份
制作时间：48分钟（40分钟准备+8分钟烹饪）

窄切面 300克
贻贝 400克
蛤蜊 400克
小红鲣鱼 4条
虾仁 4个
对虾 4只
樱桃番茄 150克

白葡萄酒 150毫升
大蒜 1瓣
欧芹，切碎 1汤匙
罗勒 1把
新鲜牛至 1枝
特级初榨橄榄油 80毫升
盐和胡椒 适量

做法

在煎锅中加热特级初榨橄榄油，加入大蒜、切碎的欧芹、用手掰碎的罗勒和从茎上取下并大致切碎的牛至叶。加入刮壳、冲洗并去除了"胡须"（足丝线）的贻贝，彻底清洗、冲净的蛤蜊和白葡萄酒。盖上盖子，让软体动物开口。等它们都开口后，将它们从煎锅中取出，将其3/4倒入碗中。

然后，在同一个煎锅里，煎炸去除内脏、鱼骨并且清洗过的小红鲣鱼、整只的对虾、去皮的虾仁和切成4块的樱桃番茄。煎几分钟，然后将贻贝和蛤蜊加入酱中。用盐和胡椒调味。煮熟时，酱汁应以较稀为好。

在大量加盐的沸水中煮窄切面，煮至较硬，捞出沥干，然后放入煎锅的酱汁中翻炒即可。

吃窄切面还是长细面？

以贻贝和甲壳类动物做成的海鲜窄切面或海鲜长细面，是在每间意大利的海鲜餐厅都可以吃到的一道头盘。根据地点和季节的不同，有许多方法可以制作这道菜，并且有许多变化，但是，在意大利最受欢迎和最常用的软体动物贻贝和蛤蜊是绝不能缺少的。

窄切面也被称为"细扁面"（trenette）或"扁面"（linguine），是一种扁平略凸的长条面食，类似于扁平化了的长细面，是其发源地热那亚和利古里亚全境的传统食品。配窄切面最常见的调味酱是典型的热那亚青酱和鱼肉蔬菜酱。归功于其特殊的形状，窄切面可以比长细面带起更多的酱汁，因此携带着更多的味道。

奶酪黑胡椒长管面

BUCATINI CACIO E PEPE

难度1

配料为4人份
制作时间：16分钟（10分钟准备+6分钟烹饪）

长管面 350克
特级初榨橄榄油 100毫升
磨碎的罗马绵羊奶酪 200克
黑胡椒 适量

做法

在大量加盐的沸水中煮长管面。煮至较硬，捞出沥干，然后加入特级初榨橄榄油、磨碎的罗马绵羊奶酪和黑胡椒调味。黑胡椒应该磨成较大的颗粒，按照口味，可以稍撒一点，也可以加一大把。

古今多少事，尽在此盘中

长管面，一种厚而中空的面条，是由典型的罗马特产硬粒小麦粗面粉制成的长条形意大利面食。它通常配着大量可口的调味酱，如奶酪黑胡椒酱、阿马特里切番茄辣椒猪脸肉酱（amatriciana）和鸡蛋烟肉绵羊奶酪酱（carbonara）。

在这3种调味汁中，第一种当然是最简单的，因为它主要由仅仅两种成分组成。拥有"地理原产地保护身份"的罗马绵羊奶酪是最为著名的意大利奶酪之一。既可以直接食用，也可以磨碎做原料。罗马绵羊奶酪由来自拉齐奥地区的全脂鲜羊奶制成。用做熟的凝乳制成，具有坚硬的紧凑质感，有的还带有孔洞；它味道浓烈，芳香，略带辣味（程度取决于成熟程度），口感持久。

那么胡椒呢？在世界的大多数地方都被认为是香料之王的胡椒，是胡椒科（Piperacae）中的一种热带攀缘植物。果实不熟时是绿色的，成熟时变成红色。有数百种胡椒：绿胡椒不是很辣，具有清新的、果子的香味；黑胡椒更加浓郁，非常芳香；还有味道更加细腻的白胡椒。它们都来自相同的植物，之间的差异是由于果实不同程度的成熟。虽然很可能最初种植胡椒的地方是史前时期的印度喀拉拉邦（Kerala）沿海，但是现存最早的胡椒粒，却是在逝世于公元前1212年的古埃及法老拉美西斯二世（Ramesses II）的鼻孔中发现的。尽管有这样的考古发现，还是没有人知道胡椒是如何到达尼罗河岸边的，也不知道它们对来世旅程的象征意义是什么。同样，我们对于古代埃及如何使用它，甚至古埃及人是否在烹饪中使用它，也是一无所知。

蒂罗尔汤团

CANEDERLI TIROLESI

难度1

配料为4人份
制作时间：35分钟（20分钟准备+15分钟烹饪）

陈白面包 500克
牛奶 300毫升
黄油 150克
面粉 150克
鸡蛋 5个
欧芹，切碎 2汤匙
肉汤 1.5升
肉豆蔻 适量
盐 适量

做法

将陈白面包去掉外皮，将其余部分切成小方丁。将它们放在一个大碗里。按照以下顺序添加原料，在添加下一种原料之前要迅速搅拌：先是在室温下软化的黄油，然后将牛奶以很小的流量倒入。接下来加入过筛的面粉，全部的鸡蛋和切碎的欧芹。加盐调味，并大量撒上肉豆蔻。

用混合物制成鸡蛋大小的圆球，并在加盐的水中煮沸约15分钟。同时加热肉汤。用漏勺捞起并沥干汤团，将其放在汤碗中，部分浸入肉汤中即可。

又甜又香的汤团

这种头盘是一道典型的特伦蒂诺和上阿迪杰（Alto Adige）[南蒂罗尔（South Tyrol）]地区菜品。其名称"canederli"是德语词"knödel"的意大利语化，意思就是"团子"。汤团是原料并不均匀的大个意大利团子。它们的原料包括陈面包、牛奶和鸡蛋做的小方丁，混合物中还可以用蒂罗尔熏火腿（speck）、烟肉、奶酪甚至洋葱来增加风味。汤团可以在煮它们的汤中食用，也可以捞出干吃，配上一片卷曲的黄油（在这种情况下，它们是作为炖的，或生的或煎熟的蔬菜的配菜来食用的）。

汤团非常古老，是一种农民发明的美食，最初的目的是吃掉剩饭。事实上，它们最早的艺术表现之一，就出现在特伦蒂诺地区的霍奇潘城堡（Hochepann Castle）小圣堂的罗马式系列壁画中。

还有几种做成甜品的汤团：用杏子做馅的杏团子（Marillenknödel）和用梅子做馅的梅团子（Zwetschgenknödel）。还有蒸团子（Germknödel），一种汤团形状的甜品，覆以香草味的酱汁。

瓦莱达奥斯塔奶酪火锅

FONDUTA VALDOSTANA

难度2

配料为4人份
制作时间：55分钟（10分钟准备+ 30分钟浸泡+15分钟烹饪）

丰丁干酪 200克
牛奶 200毫升
蛋黄 2个

做法

丰丁干酪切丁，放在一个煮锅中，牛奶没过。

浸泡至少30分钟。

加入蛋黄，搅拌并在小火或隔水蒸锅（bain-marie）上加热奶酪火锅，直到获得均匀的奶油。

配上厚面包片食用即可。如果有的话，撒点松露味道更佳。

另一种来自瓦莱达奥斯塔的佳肴

瓦莱达奥斯塔是一个以畜牧养殖为最重要产业的小型阿尔卑斯山地地区。这个地区典型菜肴的主要成分是肉和奶酪。除了奶酪火锅这种充分展示瓦莱达奥斯塔的卓越奶制品——丰丁干酪的菜品，还有许多其他的传统头盘，都得益于这种优质的奶酪，例如所谓的"全脂玉米粥"（polenta grassa）（玉米粥配黄油和丰丁干酪）、马铃薯团子配丰丁干酪，还有传统的蔬菜陈黑麦面包熬的汤。

有一种典型的当地主菜是瓦莱达奥斯塔做法的岩羚羊肉（camoscio）或者鹿肉（capriolo）。肉与香料一起在红酒中腌制，然后在煮锅中炒，并洒上葡萄果渣白兰地（grappa）。红酒炖肉（carbonade）的牛肉是保存在盐和香料之中的，再用红酒炖煮。配料丰富的瓦莱达奥斯塔煎肉排（costoletta alla valdostana）的外形就像一本打开的书，里面塞满了丰丁干酪和熟火腿，然后裹上面包屑，用大量的黄油煎制而成。

还有很多典型的甜品。果味牛奶冻（blancmange）是用奶油、糖和香草制成的勺子甜品；祝福油（brochat）是将牛奶、葡萄酒和糖加入奶油制成，用来涂抹黑麦面包。还有柠檬蛋蜜酒（fiandolein），就是加了柠檬味道的朗姆酒制成的蛋蜜酒（zabaione）；还有奥斯塔瓦片饼干（tegole di Aosta），就是巧克力外壳的小块杏仁蛋白糖（marzipan），当然还要有瓦莱达奥斯塔咖啡（caffé valdostano），作为美妙一餐的完美结束。这种咖啡添加了大量的葡萄果渣白兰地，用柠檬皮调味，盛在"友谊杯"（coppa dell'amicizia）中，这是一种宽浅的木制容器，带有几个杯嘴，以供几个人同时饮用。

罗马团子

GNOCCHI ALLA ROMANA

难度1

配料为4人份
制作时间：1小时15分钟（1小时准备+15分钟烹饪）

团子配料
牛奶 500毫升
粗面粉 125克
鸡蛋 1个
黄油 20克
肉豆蔻 适量
盐 适量
脆皮焗菜配料
黄油 30克
磨碎的帕尔马干酪 80克

做法

加入黄油、一点盐和肉豆蔻，将牛奶在煮锅中加热。

等牛奶开始起沫，将粗面粉慢慢均匀地倒入，煮几分钟，用木勺连续搅拌。

从火上取下，并加入鸡蛋，不要煮。

将混合物倒入放好油的烤盘中，将其分散并让其冷却。

将粗面粉团子切成圆盘形、菱形或任何形状。将它们放入涂黄油的烤盘中，撒上磨碎的帕尔马干酪，点上其余的黄油，180℃烘烤10～15分钟即可。

百变粗面粉

比面粉颗粒更大，但是比硬粒小麦面粉更细腻的粗面粉，根据其生产的谷物不同，有各种类型。小麦磨制的是琥珀黄色；由玉米制成的颜色更鲜亮；大米制成的粗面粉经常用于制作无麸质（gluten）食品。硬粒小麦制成的粗面粉用于制作蒸粗麦粉古斯米（couscous），而软质小麦制成的粗面粉在意大利语中叫作"小麦奶油"（crema di frumento），用于制作早餐菜品和甜品。

除了制作罗马团子——其实，考虑到菜谱中大量的黄油，它看上去更像是起源于皮埃蒙特的食品——粗面粉也是许多其他意大利菜品中的成分。包括其他类型的团子、婴儿麦片和汤，蔬菜蛋奶酥（sformati）和奶油冷冻甜品慕斯（mousse）、美味的鱼糕和肉丸、甜美的果味牛奶冻和诱人的油炸馅饼（fritter），如来自巴西利卡塔的卢卡尼馅饼（Frittelle Lucane）。粗面粉也是在油炸食物时，添加到面包屑中以获得出色的酥脆效果的秘诀。

口水马铃薯团子

GNOCCHI DI PATATE ALLA BAVA

难度2

配料为4人份
制作时间：44分钟（40分钟准备+4分钟烹饪）

团子配料	酱汁配料
马铃薯 500克	黄油 30克
面粉 125克	丰丁干酪 150克
鸡蛋 1个	牛奶 100毫升
盐 适量	

做法

在大量盐水中煮带皮的马铃薯。

马铃薯煮熟，沥干水，剥皮并将其粉碎在工作台上。用面粉、鸡蛋和一点盐揉马铃薯泥。

将混合物捏成直径2厘米的小圆柱，并将其切成约2厘米长的段。用叉子压出团子的花纹。

在煎锅里熔化黄油。加入切掉外壳切成薄片的丰丁干酪，再加牛奶。

同时，在沸腾的盐水中煮团子，一旦浮起到水面就用漏勺捞出。

将它们直接放入盛着丰丁干酪酱的煎锅中，在奶酪熔化时翻炒即可。

瓦莱达奥斯塔特产之女王

享有欧盟"原产地名称保护"（Protected Designation of Origin）地位的丰丁干酪在瓦莱达奥斯塔全境都有生产，是该地区的象征之一，象征着这里开满鲜花的草场、未遭破坏的山脉和明亮澄澈的蓝天。虽然这种著名的奶酪出现在伊索涅城堡（Castle of Issogne）壁画中的第一个图像记录是15世纪的，但是其起源却可追溯到两个世纪前，大约1270年。

丰丁干酪是一种具有发酵天然酸度的半熟全脂奶酪。它是从全脂牛奶中获得的，一种来自瓦莱达奥斯塔品种的挤奶奶牛，它们在夏季饲喂绿色饲料，其他时间里吃干草。

每块丰丁干酪被制成直径30厘米~35厘米的圆柱体，重量为8千克~10千克。它在天然洞穴或受控环境中熟成4~5个月。

切开时，可以看到奶酪的质地紧凑而有弹性，柔软而光滑细腻，味道甜美温和。其淡黄的颜色和气孔的大小根据生产时期和生产者而有所不同。

使用丰丁干酪的瓦莱达奥斯塔菜品包括著名的奶酪火锅、所谓的"全脂玉米粥"和许多传统的汤品，如大块蔬菜奶酪汤（Soupe Paysanne）、面包大米奶酪汤（Soupe Cogneintze）和面包卷心菜奶酪汤（Soupe Valpellinentze）。

肉酱千层面

LASAGNE ALLA BOLOGNESE

难度3

配料为4～6人份
制作时间：2小时30分钟（2小时准备+30分钟烹饪）

面皮配料
面粉 200克
鸡蛋 2个
贝夏美调味白汁配料
牛奶 500毫升
黄油 35克
面粉 30克
肉豆蔻 适量
盐 适量
猪肉面条酱配料
特级初榨橄榄油 30毫升
芹菜 30克
胡萝卜 50克

洋葱 60克
猪肉馅 100克
牛肉馅 120克
红葡萄酒 80毫升
番茄酱 60克
水 500毫升
月桂叶 1片
盐和胡椒 适量
其他成分
磨碎的帕尔马干酪 80克
黄油 20克

做法

将面粉与鸡蛋混合揉面，制成光滑均匀的面团。将面团包裹在塑料薄膜中，让其在冰箱中饧30分钟。

清洗并切碎洋葱、胡萝卜和芹菜。在煮锅里用一点点特级初榨橄榄油煎蔬菜和月桂叶。当它们开始变深色时，加入肉馅（猪肉馅和牛肉馅）并开大火。

一旦肉馅变深色，用盐和胡椒调味，洒上红葡萄酒。煮至酒完全蒸发，调小火并加入番茄酱。添加足够的水来没过肉馅，小火慢煮至少30分钟。

从冰箱中取出面团，将其擀成约1.5毫米厚，切成10厘米×8厘米的长方形。将面皮放在沸腾的盐水中煮到半熟，每次放几张，煮15秒钟。沥干并放在布上冷却。

制作贝夏美调味白汁，将牛奶在煮锅中加热，黄油在另一个高边煮锅中加热。当黄油熔化时，加入面粉并在小火下煮3～4分钟，用搅拌器搅拌。然后加入沸腾的热牛奶，慢慢地以小流量倒入。加盐和一小撮肉豆蔻调味。继续煮，一直搅拌，直到获得浓稠的奶油酱。

烤盘涂油，将一层千层面皮放在底部，将肉酱放在上面，涂上一层贝夏美调味白汁，然后放入大量的帕尔马干酪。重复这个过程，千层面皮、肉酱、贝夏美和奶酪，直到用完原料。最上面一层是贝夏美和大量奶酪。

将千层面放在180℃的烤箱中烘烤20～30分钟，放置约10分钟即可。

龙虾扁面

LINGUINE ALL'ASTICE

难度2

配料为4人份
制作时间：40分钟（30分钟准备+10分钟烹饪）

扁面 320克
中等大小的欧洲龙虾 2只
特级初榨橄榄油 50毫升
去皮番茄或番茄浆 500克
大蒜 1瓣
盐 适量
辣椒 适量
欧芹，切碎 适量

做法

将剥皮蒜瓣与辣椒一起在煮锅中煎成深色。

将欧洲龙虾沿身体切成两半，切面向下在锅中煎制。

几分钟后，加入切碎的去皮番茄或番茄浆和盐，并盖上盖子。煮约10分钟。

从煎锅中取出龙虾，保持温度，并取出大蒜瓣。

同时，在盐水中煮扁面，煮至略硬捞出沥干。用刚才的酱汁炒制，加入切碎的欧芹。

在每份面的顶部放一块龙虾，洒上特级初榨橄榄油即可。

真正的海狼

欧洲龙虾是地中海最大的甲壳动物（学名Homarus gammarus）。事实上，它可以达到65厘米长，6千克重。正是因为其巨大的体积，在意大利不同地区，它被赋予了诸如"海象"或"海狼"等各种名称。

龙虾只能在其自然栖息地用传统的龙虾笼捕获。迄今为止，所有养殖龙虾的尝试都被证明是不成功的，因为这些具有显著的领土意识的生物太有侵略性了。龙虾肉的味道精致独特，广受赞誉。从营养角度看，与多刺龙虾非常相似的欧洲龙虾无疑是最精致的甲壳动物之一。它可以单独享用——无论是用柠檬汁、橄榄油、盐、胡椒和切碎的欧芹一起煮的，或是在烤箱中烤——或用于制成酱汁，以包裹长细面或扁面。龙虾"一望可知"就是一道美味的头盘，用简单的成分制成，不需要掩盖甲壳类的精美滋味，所以它味道的所有细微差别都可以得到最充分的欣赏。

手工吉他方形面配阿马特里切番茄辣椒猪脸肉酱

MACCHERONI ALLA CHITARRA CON SALSA AMATRICIANA

难度2

配料为4人份
制作时间：1小时20分钟（1小时准备+20分钟烹饪）

面食配料
面粉 300克
鸡蛋 3个
盐 适量
肉酱配料
猪脸肉 150克

洋葱 100克
特级初榨橄榄油 50毫升
成熟番茄 500克
磨碎的罗马绵羊奶酪 50克
很辣的辣椒 适量
盐 适量

做法

将面粉、鸡蛋和盐混合在工作台上，揉至面团光滑均匀。将面团包裹在塑料薄膜中，在冰箱中饧至少30分钟。

用面条机将面卷成片状，然后用"面吉他"（chitarra）切割成方形面。"面吉他"是一种绷着金属线的木制器具，在上面按下面皮，前后移动滚针，即可切割出方形面。

煎锅里倒一点特级初榨橄榄油，煎切成薄条的猪脸肉。

在同一个煎锅中，用其余的特级初榨橄榄油将切碎的洋葱煎软。加入辣椒。

将番茄浸泡在沸水中几秒钟，然后取出，冷却剥皮并去除瓤。把它们剁碎，加入洋葱和猪脸肉中。

用盐调味，关火。

在大量盐水中煮方形面。煮至略硬捞出沥干，倒入肉酱锅中，搅拌均匀。撒上磨碎的罗马绵羊奶酪即可。

一个成功菜谱的许多版本

阿马特里切番茄辣椒猪脸肉酱（在倾向于脱落头元音和尾元音的罗马方言中是罗马典型的意大利面酱），尽管它以列蒂省的小镇阿马特里切为名。

阿马特里切酱，作为长细面、长管面或波纹管面的传统酱料，其祖先是罗马牧羊人的"杂酱"，一种没有番茄的阿马特里切酱版本，用猪脸肉和香肠制成。有番茄的阿马特里切酱的第一个记录是1790年罗马厨师弗朗西斯科·列昂纳多写的食谱。这个典型的菜肴有很多变化。有些包括洋葱；其他的用大蒜代替。有些要加入不烹饪的脂肪而不是猪脸肉；有些要用橄榄油或猪油。在一些菜谱中，使用辣椒而不是胡椒，而在其他菜谱中，来自阿马特里切的奶酪取代了罗马绵羊奶酪。

意大利蔬菜汤

MINESTRONE

难度1

配料为4人份
制作时间：14小时（12小时浸泡+1小时准备+1小时烹饪）

韭葱 90克
芹菜 70克
马铃薯 200克
西葫芦 150克
胡萝卜 80克
南瓜 100克
花腰豆 100克

白腰豆 100克
皱叶甘蓝 100克
四季豆 100克
欧芹 1把
特级初榨橄榄油 80毫升
水 2升
盐 适量

做法

将花腰豆和白腰豆分别在冷水中浸泡一夜。

第2天，换水煮豆子，从冷的无盐水开始。在煮锅中加热2升水，同时清理、洗净韭葱、芹菜、马铃薯、西葫芦、胡萝卜、南瓜、皱叶甘蓝和四季豆并切块。在另一个煮锅中，加热一半的特级初榨橄榄油，加入蔬菜翻炒4~5分钟。然后倒入沸水中煮沸，小火炖至少一个小时，快结束时加入沥干的豆子。用盐调味，如果需要，撒上欧芹。

在每个汤碗中滴上剩下的特级初榨橄榄油，配上一片帕尔马脆饼，调味后趁热食用即可。

豆类，从墨西哥到欧洲

这是一道具有净化功能的清淡健康菜肴。意大利各地都有蔬菜汤，各地区有不同的变化。蔬菜种类可以根据个人口味而改变，但豆类是不可缺少的。

豆子（学名Phaseolus vulgaris）是豆科的成员。起源于7000年前就有种植的中美洲。豆类有500多种，其中花腰豆和白腰豆是最著名的两种。这些豆类在16世纪初由克里斯托弗·哥伦布带到欧洲，并开始种植，食用方法包括新鲜食用种子（带壳品种）、晒干后食用种子，还有新鲜食用整个豆子（四季豆）。逐渐地，它们取代了主导古代世界餐桌的撒哈拉以南地区起源的豇豆（Vigna bean）。

耳朵面配球花甘蓝

ORECCHIETTE CON CIME DI RAPA

难度2

配料为4人份
制作时间：50分钟（30分钟准备+15分钟饧面+5分钟烹饪）

面食配料
二次磨制硬粒小麦粗面粉 250克
温水 125毫升
酱料配料
球花甘蓝 300克
油渍鳀鱼 2条
辣椒 1个

大蒜 1瓣
特级初榨橄榄油 60毫升
新鲜磨制胡椒粉 适量
粗盐 适量

做法

用温水揉面，制成光滑均匀的面团，然后将其包裹在塑料薄膜中，饧至少15分钟。

将面团搓成绳状，约一根手指粗细，用圆头刀切成约1厘米长的小块，并将其压扁在工作台上。最后，把每一块面团放在手掌上，用另一只手的拇指按下，使它成为耳朵形状。

清洁球花甘蓝，除去茎部所有坚硬的部分。

在宽浅的煎锅中，用45毫升的特级初榨橄榄油煎炸切片大蒜、整个的辣椒和两条油渍鳀鱼鱼肉的混合物。然后加入50毫升左右的水。等鳀鱼熔化的时候，离火。

同时，在大煮锅里烧水。煮沸时，加入少量粗盐，将耳朵面与球花甘蓝一起倒入。

在面食出锅前几分钟，加热大蒜、辣椒和油渍鳀鱼的油炸混合物。

捞出并沥干耳朵面，最好用细筛子，以便抓住所有的小块球花甘蓝，然后将它们添加到油煎的鳀鱼混合物中，搅拌均匀。用新鲜磨制的胡椒粉调味即可。

典型面食菜品的遥远起源

虽然这种形状的意大利面食在阿普利亚和巴西利卡塔很典型，但耳朵面似乎起源于普罗旺斯。法国南部自中世纪以来就有用拇指在面食中心捏成中空的吃法。它们因其形状，以耳朵面的名字在阿普利亚和巴西利卡塔地区传播开来。它们是被13世纪统治这里的安茹人引入的。

然而，据其他学者说，这种面食产生于12～13世纪诺曼-士瓦本人统治期间的巴里省的桑尼坎德罗地区。不过也可能源于犹太人的一些食谱，例如哈曼耳朵饼。

番茄面包汤

PAPPA AL POMODORO

难度1

配料为4人份
制作时间：40分钟（10分钟准备+30分钟烹饪）

成熟的葡萄番茄 500克
洋葱 200克
水 250毫升
罗勒 20克
大蒜 3瓣
辣椒粉 1/2茶匙
陈托斯卡纳面包 400克～500克
特级初榨橄榄油 100毫升
盐和胡椒 适量

做法

清理葡萄番茄，在皮上做一个"X"形切口，并在沸水中焯10～15秒，然后剥皮，将其切成4块，取出瓤，将果肉用蔬菜粉碎机打碎。

洋葱切大块，煮锅中倒入4/5的特级初榨橄榄油，将洋葱、剥皮的整蒜（煎完后要取出）和辣椒粉煎至软化。倒入番茄酱和水，盖上盖子，小火煮汤。用盐和胡椒调味。

陈托斯卡纳面包切丁，在不粘锅中不加油煎烤25～30分钟后加入汤中，加上洗净后彻底弄干并用手撕成小片的罗勒。盖上锅，让面包软化。

洒一点点特级初榨橄榄油即可。

番茄的类型

为了做出美味的番茄面包汤，你需要葡萄番茄，因为在葡萄藤上生长，所以得名。这是起源于托斯卡纳的，准确地说是来自锡耶纳的典型的"农民"菜。它原本是为了吃掉剩余的面包而设计的佐餐，同时在冬天作为一碗欢迎到家的热汤，在夏天作为一道美味的凉食。而且，市场上还有许多其他类型的番茄，具有不同的形状、大小和颜色，作为植物和水果的不同研发成果，每种番茄都适合特定的烹饪用途。制作沙拉的番茄具有光滑的表面，圆形或者分瓣；制作酱汁或去皮使用的番茄呈长条形而多肉，颜色深红；制作果汁或浓缩番茄酱的番茄有特别强烈的香气；制作油浸干番茄的番茄形状就像圆形或椭圆形的浆果。

沙丁鱼长管面

PASTA CON LE SARDE

难度2

配料为4人份
制作时间：30分钟（15分钟准备+15分钟烹饪）

长管面 400克
沙丁鱼 200克
特级初榨橄榄油 50毫升
野茴香 2枝
大蒜 3瓣
洋葱，切碎 1个
盐渍鳀鱼 80克

葡萄干 30克
松子 30克
欧芹，切碎 1汤匙
藏红花 1撮
面包屑 适量
盐和胡椒 适量

做法

　　煎锅中火加热2汤匙特级初榨橄榄油，加入两瓣完整去皮的大蒜、几汤匙的冷水、一小撮稀释在几滴水中的藏红花、盐和胡椒。煮约4分钟，加入洗净、去骨、切片的沙丁鱼，煮5分钟。煎锅离火，取出大蒜瓣，酱料备用。

　　浸泡葡萄干，温水没过20分钟，捞出沥干。

　　鳀鱼脱盐、清洗、去骨，然后在研钵中与欧芹和一汤勺温水一起磨碎。

　　将其余的特级初榨橄榄油在煮锅中加热，油热后加入剩余的完整去皮大蒜和切碎的洋葱。炒至洋葱变深色，加入切碎的野茴香、葡萄干、松子和先前制作的鳀鱼欧芹酱，中火煮5分钟。

　　同时，在大量盐水中煮长管面，煮至包装上指示的时间，捞出沥干，与酱汁和沙丁鱼搅拌在一起，倒入带有羊皮纸的烤盘上。

　　轻轻撒上面包屑。

　　180℃烘烤5分钟即可。

季节性菜品

　　沙丁鱼配意大利面食不仅是典型的西西里菜，而且还是季节性菜品。事实上，你只能在3月和9月之间制作这道菜，因为在这个时期才能捕到沙丁鱼，同时可以在野外找到野茴香。对于这个菜谱，你不能使用油浸沙丁鱼，野茴香也必须是新鲜的，不能是干制的。

豆子意面

PASTA E FAGIOLI

难度1

配料为4人份
制作时间：13小时20分钟（12小时浸泡+20分钟准备+1小时烹饪）

白豆 200克
白腰豆 200克
花腰豆 200克
特级初榨橄榄油 30毫升
洋葱 200克
胡萝卜 100克
芹菜 100克
百里香 1枝
顶针面（ditalini）150克
盐和胡椒 适量

做法

将白豆、白腰豆和花腰豆在冷水中浸泡一夜。

第2天，洗净剁碎洋葱、胡萝卜和芹菜。在煮锅中加热特级初榨橄榄油，炒蔬菜，然后加入沥干的3种豆子和洗净沥干并从茎上除去叶子的百里香。

冷水没过煮制。煮熟前10分钟，用盐和胡椒调味，加入顶针面。

谷物和豆类，迷人的组合

意大利烹饪传统中有丰富的谷物和豆类头盘，它们应该得到重新的评估，如面食配豆子、面食配鹰嘴豆、面食配蚕豆、米饭配扁豆、米饭配豌豆。这些组合不仅特别美味，而且也是具有显著营养价值的菜肴。事实上，谷物和豆类的组合，将具有特别高且完全的生物含量的蔬菜蛋白质组合在一起，堪比由肉、鱼、蛋和奶制品等动物源食品所能提供的。

蛋白质是肌肉、骨骼、皮肤、软骨和血液的组成部分，由氨基酸构成。这些氨基酸中的8种从饮食的角度被称为"必需的"，因为我们的有机体虽然需要它们，却不能自己合成它们，所以必须由我们的食物提供。一些蛋白质被认为是完整的，因为它们含有所有8种必需的氨基酸：苯丙氨酸、异亮氨酸、赖氨酸、亮氨酸、甲硫氨酸、苏氨酸，色氨酸和缬氨酸。谷物缺乏赖氨酸，而豆类没有甲硫氨酸，但当一起吃的时候，它们就提供了所有必需的氨基酸，因此是完整蛋白质的来源，是动物蛋白质的绝佳替代品。

诺尔马波纹管面

RIGATONI ALLA NORMA

难度1

配料为4人份
制作时间：1小时10分钟（1小时准备+10分钟烹饪）

波纹管面 350克
茄子 250克
特级初榨橄榄油 30毫升
洋葱 50克
大蒜 1瓣
番茄 1千克
罗勒 6片
磨碎的咸乳清干酪 50克
盐和胡椒 适量
面粉 适量
特级初榨橄榄油 油炸用，适量

做法

洗净、沥干茄子，切丁或小条，然后略用盐腌，放在漏勺中约30分钟，以释放并沥干其所有苦汁。裹上面粉在大量特级初榨橄榄油中炸。

洋葱切大块，与整瓣的脱皮大蒜一起在煮锅中用特级初榨橄榄油煎至变软。加入洗净、切丁的番茄，用盐和胡椒调味，煮约10分钟，然后全部用蔬菜处理机打碎。将炸茄子加入番茄酱。

在大量盐水中煮波纹管面，煮至略硬，捞出沥干，倒入一个大碗。加入番茄茄子酱，搅拌后加入罗勒。食用前在大碗里撒上磨碎的咸乳清干酪。

如同贝利尼歌剧一般的艺术作品

诺尔马意大利面，通常用长细面或波纹管面制作，是一道西西里起源，确切地说是卡塔尼亚起源的头盘。它的名字来自作曲家温琴佐·贝利尼创作的歌剧，这位作曲家来自卡塔尼亚，是意大利最著名的歌剧作曲家之一。事实上，《诺尔马》首演于1831年12月26日米兰的斯卡拉剧院。有趣的是，那个晚上，后来成为19世纪最为人喜爱和流行的这部歌剧的首演，却由于演出策划中一系列倒霉的情况而变成了一次人尽皆知的失败。

好像是来自卡塔尼亚的剧作家尼诺·马尔托里奥给这道菜起了这个名字。这道菜汇集了西西里的味道和香气。在一次有几位艺术家出席的午餐中，品尝了一大盘长细面配番茄酱和油炸茄子片和咸乳清干酪罗勒之后，似乎是尼诺·马尔托里奥大声叫道："这就是一部《诺尔马》！"他的意思是，这是一部很好的"歌剧"，在意大利语中也意味着艺术作品。

牛肝菌调味饭

RISOTTO AI PORCINI

难度1

配料为4人份
制作时间：38分钟（20分钟准备+18分钟烹饪）

卡纳罗利米 300克
小洋葱 1个
肉汤 1.5升
黄油 57克
磨碎的帕尔马干酪 80克
特级初榨橄榄油 20毫升
牛肝菌 300克
大蒜 1瓣
欧芹，切碎 1汤匙
盐 适量

做法

彻底清洁牛肝菌，去除土块并用湿布擦拭。

将它们切成薄片，并在煎锅里用特级初榨橄榄油煎（也可以保留几片生的牛肝菌用来装饰），要先油煎整瓣去皮的大蒜使其变深色，然后将大蒜取出。在牛肝菌煎软之前关火。撒点盐，加入一点点的欧芹。

在煮锅里用20克黄油煎剁碎的小洋葱。加入卡纳罗利米煎炒，搅拌均匀，确保全部涂上黄油，同时逐渐加入肉汤并经常搅拌。

大约一半的时候，添加牛肝菌。当调味饭煮熟时，将其从火上取下，并与其余的黄油和磨碎的帕尔马干酪混合。

撒几片新鲜的牛肝菌即可。

卡纳罗利米和意大利米的其他品种

卡纳罗利米满足了对于优良外观与质量并重的要求，可以用来制作理想的精致意大利调味饭和米饭沙拉。除它之外，还有许多其他类型的意大利米。维亚诺内纳诺米是所有调味饭用米的父本，由维亚诺内米和纳诺米杂交而来，诞生于1937年，它清淡柔软的颗粒不像卡纳罗利米那样松软，可以完美地做出更细腻的调味饭和更清淡的米饭沙拉。

阿尔博里奥圆粒米颗粒较长，以其发源地维切利省的城镇而得名。由于其特别大的谷粒，确保了可以完美地煮制，而成为米饭夹心烤馅饼的理想选择。巴尔多米是另一种长粒米，最近才由阿尔博里奥圆粒米培育而来。它首先用于制作调味饭、米饭夹心烤馅饼和烤米饭。罗马米与巴尔多米类似。由于其优异的吸收性，不仅适用于调味饭，还适用于煮米饭来作为面包的替代品。

巴利利亚米是意大利最古老的大米。米粒是小圆粒，主要用于做汤，也用于米饭甜品、炸米饭、奶酪肉馅炸饭团和罗马炸饭团。

卡斯特马洛奶酪调味饭

RISOTTO AL CASTELMAGNO

难度1

配料为4人份
制作时间：23分钟（5分钟准备+18分钟烹饪）

卡纳罗利米 300克
小洋葱 1个
白葡萄酒 100毫升
肉汤 1.5升
黄油 60克
卡斯特马洛奶酪 80克
盐 适量

做法

用20克黄油在煮锅煎炒剁碎的小洋葱。

加入卡纳罗利米，彻底炒透，搅拌均匀，将其全部涂上油，然后洒上白葡萄酒，继续煮和搅拌，直到液体蒸发。

继续炒制，逐渐加入肉汤，经常搅拌。

当调味饭煮熟时，离火，检查是否需要加盐，与其余的黄油和切成薄片的卡斯特马洛奶酪混合，留一点奶酪作为装饰。

将留出来的切成薄片的卡斯特马洛奶酪撒在调味饭上即可。

库尼奥奶制品的骄傲

卡斯特马洛奶酪是一种拥有"地理原产地保护身份"的半硬蓝色奶酪。它主要由牛奶制成（很少的情况下，添加少量山羊奶和绵羊奶）。牛奶来自皮埃蒙特喂食新鲜饲料和草场田野干草的牛，生产地是卡斯特马洛（以此命名）、普拉德莱韦斯和蒙泰罗索格拉纳等位于滨海阿尔卑斯山脉和科蒂安阿尔卑斯山脉之间山谷中的小镇。它起源于1000年左右，虽然这个名字的奶酪第一次出现在历史记载中是在13世纪，当时被用作支付盐务税。

这种库尼奥省美食成就之一的熟成过程，从2～5个月不等，在阴凉潮湿的天然洞穴或高原高山小屋里进行。奶酪块为圆柱体，直径15厘米～20厘米，高10厘米～20厘米，重量在2千克～7千克。根据奶酪的成熟程度，内部颜色从珍珠白色或象牙色变成金色或赭色，带有蓝绿色的丝脉，味道可以从甜蜜而精致到强烈而浓郁。

这种奶酪生产过程的发酵残渣，可以用来制作一种称为布拉斯的浓味奶油，可以混合在玉米粥中，或涂抹在烤面包上。

黑色调味饭

RISOTTO AL NERO

难度2

配料为4人份
制作时间：38分钟（20分钟准备+18分钟烹饪）

维亚诺内纳诺米 300克
小洋葱 1~2个
鱼汤或蔬菜汤 1.5升
特级初榨橄榄油 60毫升
墨鱼或鱿鱼 300克
白葡萄酒 100毫升

做法

整理和清洗墨鱼或鱿鱼。取出所谓的"墨袋"（可以戴一次性手套），放在一边，然后将其余部分切成条状。

在煮锅用20毫升特级初榨橄榄油煎剁碎的小洋葱。

加入维亚诺内纳诺米，彻底炒透，搅拌均匀，将其全部涂上特级初榨橄榄油，然后洒上白葡萄酒，继续煮和搅拌，直到液体蒸发。

加入墨鱼或鱿鱼，开始逐渐添加鱼汤或蔬菜汤，频繁搅拌。

搅拌到一半，加入溶解在一点汤中的墨汁。

当饭煮熟时，离火，将其余的特级初榨橄榄油搅拌进去即可。

墨鱼和鱿鱼的墨汁

这种黑色的看上去毫无食欲的液体，其实是一种受到追捧的美味。墨鱼和鱿鱼的"墨汁"，这种当它们受到威胁想要迷惑捕食者的时候会将其释放到水中的浓浓的黑色液体，是这些软体动物最珍贵的部分。它具有特别强烈的丰富的味道，强烈的海洋气味。

在意大利烹饪中，主要是西西里的烹饪中（想想面食的"墨鱼黑酱"，用墨鱼或鱿鱼墨汁制作）有许多面食或米饭，其独特的味道和美丽而神秘的外观靠的就是这种特殊的成分。但是这些生物的优秀"墨汁"也可以创造性地用于"写"其他菜谱。例如，当制作面包片或饼干时，您可以将墨汁添加到面团混合物中，以创造出相当美味和精致的变化。午餐或晚餐的理想选择包括鱼类菜肴、黑色墨汁面包片和饼干，以及明亮的充满温暖色调的菜肴，如一卷烟熏三文鱼、一碗豌豆汤或美味的番茄沙拉。

松露调味饭

RISOTTO AL TARTUFO

难度1

配料为4人份
制作时间：28分钟（10分钟准备+18分钟烹饪）

卡纳罗利米 300克
小洋葱 1个
白葡萄酒 100毫升
肉汤 1.5升
黄油 60克
磨碎的帕尔马干酪 80克
白色或黑色松露（皆可） 适量
盐 适量

做法

用20毫升油在煮锅煎剁碎的小洋葱。

加入卡纳罗利米，彻底炒透，搅拌均匀，将其全部涂上油，然后洒上白葡萄酒，继续煮和搅拌，直到液体蒸发。继续炒制，逐渐加入肉汤，经常搅拌。

当调味饭煮熟时，加盐调味，离火，加入其余的黄油和磨碎的帕尔马干酪。在松露切片机上切松露片，撒在盛盘的调味饭上即可。

大地珍果

松露是属于西洋松露科的一种真菌。它们有生于地下的果实状的身体，不受拘束地生长于靠近某些树木的根部，特别是栎树、橡木、柳树和榛树。"松露"在17世纪开始被广泛使用（古罗马人称之为"地下块茎"）。这个名字似乎来源于这种土壤中的块茎，与意大利中部和南部一种典型的多孔石"tufo"外表很相似。松露的第一个科学记录出现在老普林尼的《博物志》中，而第一首诗中对它的描绘来自古罗马诗人尤维纳利斯，他说松露是朱庇特在橡木旁边扔下雷电的结果，被众神之父看作神物。

这是一种稀罕的食物，没有人成功地培育过它。松露一般只能在经过专门训练的狗的帮助下找到，它是一种非常受赞赏的美味，同时无比昂贵。在意大利，珍贵的白松露（名字来自第一个将其分类的米兰医生）分布于阿尔巴和阿斯蒂省，还有比萨省的圣米尼亚托、佩萨罗，乌尔比诺省的阿夸拉尼亚，伊塞尔尼亚省的圣皮耶特罗阿韦拉纳，皮亚琴察省的佩科拉亚，拉奎拉省的阿泰莱塔。黑松露在翁布里亚特别普遍，主要在诺奇亚地区，这是历史上以松露丰收而闻名的地理区域之一。

米兰牛小腿肉调味饭

RISOTTO ALLA MILANESE CON OSSOBUCO

难度2

配料为4人份
制作时间：1小时50分钟（20分钟准备+1小时30分钟烹饪）

调味饭配料
卡纳罗利米 300克
小洋葱 1个
带骨牛小腿肉 40克
肉汤 1.5升
黄油 60克
藏红花（藏红花缕或粉）0.5克
磨碎的帕尔马干酪 80克
牛小腿肉配料
牛小腿肉切片 4片
小洋葱 1个
黄油 60克

特级初榨橄榄油 100毫升
白葡萄酒 200毫升
肉汤 500毫升
番茄酱 200克
柠檬皮 1个的量
大蒜 2瓣
盐和胡椒 适量
裹面用的面粉 适量
欧芹 适量
鼠尾草 适量
迷迭香 适量

做法

在牛小腿肉的边缘剪开几个切口，以防在烹饪过程中卷曲。裹上面粉，用一半的黄油和特级初榨橄榄油在煎锅中煎。用盐和胡椒调味。

用剩下的黄油和特级初榨橄榄油在煮锅中煎切块的小洋葱、整瓣去皮的蒜、1束鼠尾草和1枝迷迭香。加入牛小腿肉，倒入白葡萄酒没过。熬浓酱汁，加入番茄酱，根据需要逐渐添加肉汤。

煮熟后，用切碎的柠檬皮、欧芹和一点点大蒜制成的"格莱莫拉塔酱"（gremolada）倒到牛小腿肉上。制作调味饭，切碎小洋葱和骨髓，并用1/3的黄油将混合物在煮锅中煎至深色。

煮锅中加入卡纳罗利米，彻底炒透，搅拌均匀，将其全部涂上特级初榨橄榄油。继续炒制，逐渐加入肉汤，经常搅拌。

做到一半的时候，加入溶解在一点肉汤中的藏红花缕或粉。当调味饭煮熟时，离火，并将其余的黄油和磨碎的帕尔马干酪混合入其中。与牛小腿肉一起食用即可。

大米之王

卡纳罗利米，被最好的厨师、美食家和美食爱好者们认为是"米中之王"，具有制作优质菜肴的所有正确的特征：谷物的核心总是保持坚硬，而外面释放的淀粉可以为调味饭赋予完美细腻的质感。它是锥形的长粒米，当煮熟时有明显的微甜味道和特别有弹性的延展性。卡纳罗利米在1945年由维亚诺内纳诺米和伦西诺米杂交而来。20世纪80年代中期，当它面临灭绝的时候被洛梅利纳的农民拯救了，从而再次受到欢迎。今天，它不仅在洛梅利纳，而且在帕维亚地区（Pavia）的各个地方，以及下维切利的某些地区都有种植。

鹌鹑调味饭

RISOTTO CON LE QUAGLIE

难度2

配料为4人份
制作时间：45分钟（15分钟准备+30分钟烹饪）

调味饭配料	鹌鹑配料
卡纳罗利米 300克	鹌鹑 4只
小洋葱 1个	特级初榨橄榄油 25毫升
白葡萄酒 100毫升	白葡萄酒 100毫升
肉汤 1.5升	鼠尾草 1枝
黄油 60克	迷迭香 1枝
磨碎的帕尔马干酪 80克	百里香 1枝
盐 适量	盐和胡椒 适量

做法

彻底清洁鹌鹑，用盐和胡椒调味，然后放入带特级初榨橄榄油的煮锅中。

煎鹌鹑，然后加入百里香、迷迭香和鼠尾草。

洒上白葡萄酒，炖鹌鹑直到液体蒸发。盖上盖子继续煮20分钟，如有必要，加一点水。

一旦做熟，将鹌鹑切成两半或将腿与胸分开。用筛子过滤一下肉汁，然后把鹌鹑放回肉汁中，保持温热。

在煮锅中用20克黄油煎剁碎的小洋葱。

加入卡纳罗利米，彻底炒透，搅拌均匀，将其全部涂上特级初榨橄榄油，然后洒上白葡萄酒，继续煮和搅拌，直到液体蒸发。

继续炒制，逐渐加入肉汤，经常搅拌。

当调味饭煮熟时，离火，并将其余的黄油和磨碎的帕尔马干酪混入其中。

与鹌鹑和酱汁一起食用即可。

佩莱格里诺·阿尔图西的菜谱

以下是佩莱格里诺·阿尔图西在他1891年出版的《烹饪和健康饮食的艺术》中记载的制作鹌鹑调味饭这种古老的美味菜品的方法："将一小块火腿和1/4洋葱切成细末，加热黄油，当洋葱变深色的时候加入清理过的整只鹌鹑。用盐和胡椒调味煎炸，加入肉汤炖煮，直到半熟，加入米，加入需要的量的肉汤，与鹌鹑一起炖煮。做熟后用帕尔马干酪调味，配着鹌鹑，放入大量的肉汤食用或者干着食用皆可。4只鹌鹑和400克米足够4个人的量。"

番茄长细面

SPAGHETTI AL POMODORO

难度1

配料为4人份
制作时间：38分钟（30分钟准备+8分钟烹饪）

长细面 350克
特级初榨橄榄油 30毫升
去皮番茄或番茄酱，切碎 600克
洋葱 100克
大蒜 1瓣
罗勒 8片
磨碎的帕尔马干酪 40克
盐和胡椒 适量

做法

在加了特级初榨橄榄油的煮锅中煎洋葱，连同整个去皮的大蒜瓣一起。当洋葱变成金黄色时，加入切碎的去皮番茄或番茄酱，最后加入盐和胡椒。大火煮酱约20分钟，不时搅拌。煮熟后，取出大蒜，加入洗涤、干燥并切碎的罗勒。

在咸水中煮长细面。当面条煮到略硬时，将其放入番茄酱中。撒上磨碎的帕尔马干酪。

满脸是番茄酱的男高音

著名的那不勒斯男高音恩里科·卡鲁索是一位优秀的厨师和美食家。他对一种美食特别有激情：番茄酱配长细面，尤其是格拉尼亚诺、托雷安农齐亚塔或托雷德尔格雷科这几个城市制作的面条，配上著名的圣玛扎诺番茄，再加上索伦托附近的特级初榨橄榄油。

在他生活在纽约的岁月里，他教会了他的美国朋友们如何烹饪和享用这道简单但是令人赞叹的菜品。几乎所有的报纸都报道过他的烹饪偏爱和他在外国分享的值得称道的尝试。就像著名钢琴家亚瑟·鲁宾斯坦叙述的那样，每当卡鲁索进入纽约的一家餐厅，并点了一盘番茄酱配长细面的时候，大家都会停止吃饭，盯着他看。他们好奇他会吃什么？左手还是右手？还要用勺子吗？他的叉子会旋转吗？他怎么处理垂下来的面条？用刀切还是把它吸着吃？直到一个晚上，伟大的歌手厌倦了作为关注的中心。随着一个戏剧性的那不勒斯式的姿态，他把他的叉子放在盘子里，抓住一撮意大利面，把它塞进他的嘴里，番茄酱溅上他的脸、领带、夹克和衬衫。他的观众终于开心了。

腌熏鱼子长细面

SPAGHETTI ALLA BOTTARGA

难度1

配料为4人份
制作时间：15分钟（5分钟准备+10分钟烹饪）

长细面 350克
腌熏鱼子 60克
特级初榨橄榄油 100毫升
大蒜 1瓣
盐和胡椒 适量

做法

在浅煎锅中用中火将特级初榨橄榄油与整瓣去皮的大蒜一起加热，使特级初榨橄榄油获得风味。在大蒜颜色变得过深之前，离火，取出蒜瓣。

磨碎腌熏鱼子，将一半加入特级初榨橄榄油中。用胡椒调味。

在大量盐水中煮长细面。煮至略硬，捞出沥干，放入特级初榨橄榄油中，与腌熏鱼子拌匀。

面条盛入碗中，撒上其余的磨碎或切成薄片的腌熏鱼子即可。

两种类型的腌熏鱼子

用于制作这道撒丁岛起源菜品的腌熏鱼子，是红色金枪鱼或鲻鱼这两种鱼的鱼子经过腌制、熏干和熟成制成的。在意大利，生产腌熏鲻鱼子最多的就是撒丁岛，卡利亚里、托尔托利、卡布拉斯和圣安蒂奥科岛都是著名的生产中心，另外在托斯卡纳的奥尔贝泰洛地区和马瑞马的格罗塞托地区也有生产。另一方面，腌熏金枪鱼子的主要产区是西西里岛，特别是在法维尼亚纳、特拉帕尼、马尔萨米米、圣维托洛卡波，以及撒丁岛的卡罗富特岛和雷焦卡拉布里亚省也有生产。

这两种腌熏鱼子的颜色和味道都不同。鲻鱼子更精致也更昂贵。颜色从金黄色到琥珀色，取决于它已经成熟多久，具有强烈但同时微妙的味道，回味让人想起杏仁。金枪鱼子的颜色从浅粉色到深红色不等，具有更强的味道。

虽然这种食物似乎起源于腓尼基人，但是其名字"bottarga"却来自阿拉伯语，意思是"盐渍鱼子"。事实上，阿拉伯人以先进的烹饪技术而闻名，他们也将其传授给了有联系的地中海人民。所以，腌熏鱼子在古代就有了，并且一直受到意大利厨师如巴托洛缪·斯卡皮的高度赞赏，他被称为是"烹饪界的米开朗琪罗"，曾为教宗庇护五世提供服务。腌熏鱼子可以作为前菜或者磨碎加入面食享用。

烧炭烟肉鸡蛋酱长细面

SPAGHETTI ALLA CARBONARA

难度1

配料为4人份
制作时间：18分钟（10分钟准备+8分钟烹饪）

长细面 350克
猪脸肉或烟肉 150克
蛋黄 4个
罗马绵羊奶酪 100克
盐和胡椒 适量

做法

加一小撮盐和一小块罗马绵羊奶酪，在碗里打散蛋黄。

将猪脸肉或烟肉切成约2毫米厚的片，然后切成条或丁，以使一些脂肪在烹饪过程中熔化。稍微煎炒一下。

长细面在盐水中煮至略硬，捞出沥干。

长细面倒入煎锅中，用猪脸肉或烟肉翻炒。离火，加入打散的蛋黄和一点点刚才煮面的水，搅拌约30秒钟。

添加其余的罗马绵羊奶酪，再次搅拌即可。

烧炭烟肉鸡蛋酱，来自拉齐奥还是美国大兵？

烧炭烟肉鸡蛋酱意大利面食是最著名和最受欢迎的意大利菜品之一，对其起源有各种各样的理论。

最受欢迎的理论是，这种开胃的意大利面食是在第二次世界大战期间由一名罗马厨师发明的，在美国人到来之后，他们想到使用蛋和烟肉来配合面食，加入胡椒和绵羊奶酪来使它更加美味和营养。根据其他理论，烧炭烟肉鸡蛋酱是一种意大利中部菜品的高蛋白质版本，原来的菜起源于拉齐奥和阿布鲁佐，称为"奶酪和鸡蛋"（cacio e ova），是烧炭工人们在森林里工作时的食物。我们今天知道的烧炭烟肉鸡蛋酱成型于第二次世界大战期间，当时美国士兵要求小酒馆老板们把猪脸肉——老板们还错拿成了烟肉——加入到鸡蛋奶酪意大利面食中。因为美国人习惯了吃烟肉配鸡蛋，这也解释了为什么烟肉和猪脸肉都可以用于这道菜。

另外还有一个理论，名称中的"烧炭"是有事实根据的，原来的食谱需要大量的胡椒，使得它完全变成了黑色的……

蛤蜊长细面

SPAGHETTI ALLE VONGOLE

难度1

配料为4人份
制作时间：33分钟（20分钟准备+13分钟烹饪）

长细面 350克
蛤蜊 1千克
特级初榨橄榄油 100毫升
欧芹，切碎 1汤匙
大蒜，切碎 1瓣
盐和胡椒 适量

做法

在流水下彻底清洗蛤蜊，用刷子擦洗，然后将其放入加了一汤匙特级初榨橄榄油的大煎锅中。盖上盖子加热。翻炒至开口（2~3分钟后），离火，将其中一部分蛤蜊肉从贝壳中取出。过滤烹饪的汁液，然后与蛤蜊一起倒回煎锅中，放在一边备用。

另起煎锅，用特级初榨橄榄油煎炒切碎的大蒜。当它变成深色时，加入蛤蜊和酱汁，煮沸。

同时，在沸腾的盐水中煮长细面，煮至略硬，留一点面汤在面条中，加入蛤蜊和酱汁。撒上大量的胡椒和切碎的欧芹即可。

3种那不勒斯菜谱

蛤蜊长细面，在那不勒斯更多地被称作"细面配蛤蜊"（Vermicelli con le vongole），是这个城市美食上的伟大成就。它有3种不同的做法。当然，同意其中一个版本的人，一定会反对其他两个。通常在同一个家庭内就有相反的派别。争论的关键是番茄。对于传统主义者来说，这道美味的那不勒斯头盘不需要番茄：细面配蛤蜊必须严格地不用番茄。对于美洲印第安人红色浆果爱好者们来说，番茄酱使得这款意大利面更美味。最后，有些人选择拿一些新鲜的番茄压在油中，给出一点地中海的色彩和一点额外的味道。无论您决定使用哪种菜谱，最重要的是使用新鲜的蛤蜊，最好是所谓的"欧洲沟纹蛤"（veraci, Ruditapes decussatus），这是最为常见的品种，因其味甜和肉质特别鲜嫩而为人称道。

番茄肉酱扁卷面

TAGLIATELLE AL RAGÙ ALLA BOLOGNESE

难度2

配料为4人份
制作时间：1小时34分钟（1小时30分钟准备+3~4分钟烹饪）

扁卷面配料
"00"型面粉 300克
鸡蛋 3个
肉酱配料
水 160毫升
猪肩肉 150克
牛肉 150克
肥烟肉，剁碎 150克
胡萝卜 40克

芹菜 40克
黄洋葱 40克
番茄酱 90克
红葡萄酒 100毫升
特级初榨橄榄油 100毫升
月桂叶 2片
磨碎的帕尔马干酪 40克
盐和黑胡椒 适量

做法

将"00"型面粉与鸡蛋混合搅拌直至面团光滑均匀。面团包裹在塑料保鲜膜中，放置在冰箱中约30分钟。

从冰箱中取出面团，使用擀面杖或面条机将其做成约1毫米厚的薄片。将面片切成6毫米~7毫米宽的条带，这就是扁卷面。将它们展开在略微撒了"00"型面粉的工作台上。切碎猪肩肉和牛肉并洗净沥干的胡萝卜、芹菜、黄洋葱。在锅中用特级初榨橄榄油煎炒剁碎的肥烟肉，切碎的胡萝卜、芹菜、黄洋葱和用手撕碎的月桂叶。

当食材都变成金棕色时，加入肉末，高火翻炒。洒上红葡萄酒，继续煮至液体完全蒸发。改小火，加入番茄酱。加入盐和新鲜研磨的黑胡椒调味，继续在小火下烹饪大约一个小时，如有必要，加入几勺水。

在大量沸盐水中煮扁卷面，煮至略硬，捞出沥干，倒入大碗中，加入肉酱。撒上磨碎的帕尔马干酪，搅拌均匀即可。

碎肉酱配金发面条

根据一个传说，扁卷面由主厨泽费拉诺（Zefirano）于1487年在博洛尼亚发明，他当时是乔凡尼二世·本蒂沃利奥（Giovanni II di Bentivoglio）的私人主厨，做这种面条是为了向卢克雷齐亚·波吉亚（Lucrezia Borgia）那长长的金发致敬，她当时正途经这座艾米利亚-罗马涅的主要城镇前往费拉拉，前去与埃斯特家族的阿方索一世公爵（Duke Alfonso I d'Este）完婚。

无论传说是不是真的，真正的博洛尼亚扁卷面的做法和尺寸都已经在1972年4月16日由"馄饨协会及意大利美食学院"（Confraternita del tortellino e dall'Accademia italiana della cucina）于博洛尼亚商会登记在案了。例如，一份烹饪完成的扁卷面，宽度必须介于8毫米和7毫米之间，约等于博洛尼亚著名地标建筑阿西内利塔（Torre degli Asinelli）高度的1/12270！

意大利松露细宽面

TAGLIOLINI AL TARTUFO

难度2

配料为4人份
制作时间：46分钟（40分钟准备+6分钟烹饪）

面食配料
"00" 型面粉 300克
鸡蛋 3个
酱料配料
黄油 50克
小松露 1个
盐 适量

做法

"00" 型面粉堆在工作台上，挖一个凹坑，打入鸡蛋，揉捏直至面团光滑均匀。饧至少30分钟。用面食机推出厚度为1毫米的面片，切成2毫米~3毫米宽的面条。

在大量沸腾的盐水中煮面。同时，在煮锅中熔化黄油，并加入一勺面汤。

面条煮至略硬，捞出沥干，并在黄油中搅拌。

将小松露切成薄片，撒在盛盘的面条上即可。

细鲜面和细宽面

细鲜面是皮埃蒙特的朗格地区典型的新鲜鸡蛋意大利面食。它在15世纪已经人尽皆知，与细宽面类似，但细鲜面更薄（是通过用刀切割非常薄的卷起的面片而制成，以获得细如发丝的面条）。这种面含有丰富的鸡蛋，可以仅仅配以黄油和奶酪，或配以蘑菇、野味酱，又或者，在重要的场合，配以丰富而古老的动物内脏做成的肉酱［称为"朗格罗拉肉酱"（ragù alla langarola）］。当然，最成功的搭配就是阿尔巴珍贵的白松露：细鲜面被慷慨地撒上这种精美的"大地果实"，成为一种具有浓郁香味和极好味道的菜品。

另一方面，细宽面是一种典型意大利烹饪中的新鲜鸡蛋面。其宽度为2毫米~3毫米，介于毛细面（capellini）和7毫米~8毫米的宽切面之间。细宽面是平的，长度相当于长细面。它与用蔬菜或鱼制成的清淡调味酱非常般配，还可以添加黄油或橄榄油，或泡在肉汤里。撒上松露也能使得细宽面成为一道别致的菜品。

甜菜馄饨

TORTELLI DI ERBETTE

难度2

配料为4人份
制作时间：54分钟（50分钟准备+4分钟烹饪）

面皮配料
"00"型面粉 300克
鸡蛋 3个

馅料配料
乳清干酪 300克
甜菜 700克
磨碎的帕尔马干酪 180克

鸡蛋 1个
肉豆蔻 适量
盐 适量

酱料配料
黄油 70克
磨碎的帕尔马干酪 60克

做法

洗净甜菜，取出茎，并在稍微加盐的水中焯一下叶子绿色的部分。然后沥干，挤出水分。剁碎甜菜，加入乳清干酪，打入鸡蛋，加入磨碎的帕尔马干酪、一撮盐，撒一点肉豆蔻。将这些成分搅拌为坚硬均匀的混合物。

在工作台上用鸡蛋揉面，以获得紧凑坚实的面团。将面团擀成不要太薄（约1.5毫米厚）的面片，将其切成7厘米见方的正方形，每块中心放置一小茶匙馅料。最后，将面片两端折起，捏合接头，包成长方形的馄饨。捏合两侧时，用指尖按压，施加轻微的压力，以消除内部的气泡并使两侧粘在一起。

在大量沸腾的盐水中煮馄饨。用漏勺捞起沥干，加入融化的黄油和磨碎的帕尔马干酪，趁热食用即可。

圣若翰之露

每到6月23日的晚上，圣若翰洗者瞻礼（Feast of St. John the Baptist）的前夕，在帕尔马，有一项传统就是要在户外公开享用典型的甜菜馄饨。这些馄饨必须是"foghè in tal buter e sughè col formai"，意思就是"泡过黄油又撒过干酪的"。

根据传说，在这个充满魔力的夏至之夜，在户外的星光下与家人和朋友们一起进餐是非常好的主意，因为这样就可以用自己的皮肤来感受一下有益健康、带来好运的露水，它可以治愈疾病，还是强大的爱情魔药。

有一个理论证实，第一道帕尔马的甜菜馄饨是做来庆祝建筑师和雕塑家贝内德托·安特拉米（Benedetto Antelami）于1196年开始他在帕尔马洗礼堂的工作的。根据另一个理论，安特拉米自己创造了这种美食。一个全能的天才，不仅是一位艺术家。

南瓜馄饨

TORTELLI DI ZUCCA

难度2

配料为4人份
制作时间：49分钟（25分钟准备+20分钟饧面+4分钟烹饪）

面皮配料
"00"型面粉 300克
鸡蛋 3个
馅料配料
南瓜 1千克
磨碎的帕尔马干酪 150克
鸡蛋 1个

肉豆蔻 适量
面包屑（如有必要） 适量
盐 适量
酱料配料
黄油 80克
磨碎的帕尔马干酪 60克
鼠尾草 1束

做法

在工作台上的"00"型面粉堆中挖出一个凹坑，打入鸡蛋，揉至面团光滑均匀。用塑料保鲜膜包裹面团，饧20分钟。

将南瓜切成大块，取出种子，并在180℃的烘箱中烘烤约25分钟。南瓜变柔软后，除去南瓜皮，将南瓜放在食物搅拌器中制成南瓜泥。

南瓜泥中加入鸡蛋、磨碎的帕尔马干酪、一小撮肉豆蔻和一小撮盐。将所有成分混合均匀。如果混合物不够紧实，加入1~2汤匙面包屑。

用擀面杖或面食机将面团擀成约1毫米厚。使用面食裱花袋，将少量南瓜泥（约一小茶匙）放在面片上，小心地在馅料之间留出约8厘米的距离。然后将另一张面片放在第一张面片上，并用一个有槽糕点轮切出大约6厘米的方形饺子，中间是馅料。密封两侧，用叉子的尖齿按压，使得烹饪过程中馅料不会漏出来。

在煮沸的盐水中煮熟南瓜饺，用漏勺捞出沥干，然后在煎锅中用加混有鼠尾草的黄油翻炒，最后撒上磨碎的帕尔马干酪即可。

青酱拧面

TROFIE AL PESTO

难度2

配料为4人份
制作时间：1小时5分钟（30分钟准备+30分钟饧面+5分钟烹饪）

面皮配料
"00"型面粉 300克
水 150毫升
或：现成的拧面 400克
酱料配料
罗勒 30克
松子 15克
帕尔马干酪 60克
磨碎的成熟罗马绵羊奶酪 40克

大蒜 1瓣
四季豆 100克
土豆 200克
特级初榨橄榄油 200毫升
盐 适量

做法

在工作台上堆起"00"型面粉，中心挖一个凹坑，加入足量的水揉成紧实有弹性的面团。用塑料保鲜膜包裹面团，饧30分钟。

将面团分成鹰嘴豆大小的面块，在手里（或者在工作台上）滚动，同时轻轻按下，制成拧面。

或者，购买现成的拧面。

清理、洗净罗勒，用布擦干。将罗勒、松子和去皮大蒜与150毫升特级初榨橄榄油、一小撮盐和磨碎的成熟罗马绵羊奶酪和帕尔马干酪在研钵内磨碎，或者在食品处理器中混合，使用震动功能，这样香蒜酱才不会过热。当配料混合均匀时，将其倒入碗中，用剩下的特级初榨橄榄油没过。

预先清理、洗净土豆，并切成块。煮熟去皮切块的土豆和四季豆。当蔬菜几乎煮熟时，将拧面加入锅中。离火并沥干。加入香蒜酱搅拌均匀，用面汤和特级初榨橄榄油来调稀即可。

利古里亚婚礼

拧面是用水和面粉制成的小面团子，呈现出细长卷曲的开塞钻的形状。它们是典型的利古里亚美食，或者更精确地说是热那亚菜肴（"trofie"在热那亚方言中的意思就是"团子"）。可以用白面粉制作面团，或用全麦面粉制作深色的拧面，又或是以栗子面粉制成具有甜味的面食。传统上，拧面与土豆、四季豆一起煮熟，然后与美味芳香的罗勒香蒜酱混合，这也是典型的利古里亚美食。

瓦培利那汤

ZUPPA VALPELLINESE

难度1

配料为4人份
制作时间：1小时（30分钟准备+30分钟烹饪）

陈粗面包 500克
皱叶甘蓝 500克
肉汤 1.5升
丰丁干酪 200克
黄油 50克

做法

清理皱叶甘蓝，除去外层的叶子并分离其余的叶子。

将陈粗面包切片，在平底煎锅或是烤箱里烘烤面包片，烘烤时涂上黄油。

除去丰丁干酪的外皮，切片。

同时，在煮沸的肉汤中焯一下皱叶甘蓝，沥干。

将一层皱叶甘蓝放在烤盘中，然后铺一层烤面包片，相互重叠，并以丰丁干酪切片覆盖。

继续这个过程，直到你用完所有的材料，最后铺上一层干酪。

用沸腾的热汤没过所有材料，180℃烘烤约30分钟即可。

来自瓦莱达奥斯塔的另一种传统羹汤

瓦莱达奥斯塔的烹饪中包括各种各样的大碗汤，通常由这片山区当地的廉价食材制成，如黑麦面包；最亲民的蔬菜，如嫩洋甘蓝菜（spring cabbage）和皱叶甘蓝，以及其他触手可及的原料，如栗子和苹果。当它们被额外加入奶酪——意大利这个地区有产量丰富的牛奶和高质量的奶制品，都来自山区的牧场——或者肉类，这些冒着热腾腾蒸汽的汤自身就是一顿完美的餐食，也是寒冷冬季的绝佳之物。这些汤必须配上味道足够复杂且具备优良持久口味的葡萄酒。

另一种著名的汤是大块蔬菜奶酪汤，以切片黑麦面包、丰丁干酪丁和番茄丁、黄油、洋葱、香料制成，用滚烫的热汤浇盖，在烤箱中烤制而成。大碗的猪骨汤（seupa de grì）是一种古老的瓦莱达奥斯塔汤，以大麦、猪排骨和时令蔬菜制成，甚至可以在制作后2～3天内食用。面包大米奶酪汤以陈黑麦面包丁、丰丁干酪丁、大米和肉汤为原料，在烤箱里烤出脆皮。

主菜

味觉的更多愉悦

主菜就是第2或第3道要享用的菜肴；在"Primo"（例如面食、米饭或者是汤这样的头盘）之后享用，通常配着生的或是烹饪过的蔬菜，是意大利饮食中提供最多蛋白质的菜品。一个经典的主菜通常是肉或者是鱼。由于多个世纪以来的古老基督教传统倾向于一种低脂肪的饮食，这意味着一年中有超过半年的时间里都是基于鱼类的饮食，同时意大利烹饪也几乎从来不会把肉和鱼放在同一道菜里。

肉类的选择包括了内脏和不很珍贵的部位，而且烹饪它的方式绝对是多种多样的。农场动物包括鸡（公鸡和母鸡）、火鸡和兔子，所有这些都是白肉，还有珍珠鸡、鹅、鸭和鸽子这些颜色较深的肉。所有这些肉类中最受欢迎的当然是鸡肉，在许多典型的菜谱中都存在：直到最近，烤鸡配上刚刚采摘自菜园的土豆和沙拉还是意大利人周日午餐的象征。

肉类还有牛肉，包括小牛肉（被广泛使用在意大利烹饪中，它是一种白肉，有柔软细腻的口感，与之相比牛肉是红肉，肉质比较硬）；马肉，包括小雄马或驴［马只在某些特定的地区专门被饲养来供给人类食用，比如马尔凯大区（Marches），那里的卡特里亚马（Catria Horse）就以马肉的高品质而著名］；猪肉，被用于美味食谱中已有好几百年的历史，此外还有各种腌制的肉类。

羊肉和一些野味都有很浓烈的味道，这使它们更贴近自然，同样的原因，也不是每个人都能接受它们。羊肉包括绵羊肉和山羊肉，但是小乳羊肉和小乳山羊肉是最佳的，因为它们的味道不太强烈：在意大利中部地区，它们是复活节午餐主菜的理想选择。至于野味，它们如此美味因而成了贵族阶层隆重宴会的重头戏，一直延续到20世纪初；野味包括皮毛物种，比如狍子、岩羚羊、鹿、野兔、野猪，以及羽毛类动物，比如丘鹬、野鸡、绿头鸭和山鹌鹑。

意大利半岛环绕着海洋，有不计其数的山川河流和陆地湖泊，因而可以用来烹饪的鱼的种类也非常多。实际上，有多少海鱼和淡水鱼品种，就有多少菜品，用技巧和想象力将鱼中的精华尽情展现出来。除了有刺鱼的各类白色、粉色或是红色的鱼肉可以用"一千零一种"方式来烹饪，还有特别美味的甲壳类动物，其肉质细嫩，也有价格便宜但非常可口的软体动物，比如贻贝、蛤和扇贝。无论以哪种做法烹饪——清蒸然后配合柠檬和特级初榨橄榄油享用简单的海鲜沙拉，或者在更复杂的食谱中，比如混炸鱼或美味的鱼汤——鱼在意大利美食中越来越多地扮演起了主要角色。可能由于营养丰富，使其成为"地中海饮食"的基本元素之一，这种饮食因为非常有益健康而被营养学家们广泛推荐。

烤羊肋排

AGNELLO A SCOTTADITO

难度1

配料为4人份
制作时间：30分钟（20分钟准备+10分钟烹饪）

羊排 600克
特级初榨橄榄油 50毫升
百里香 适量
迷迭香 适量
盐和胡椒 适量

做法

如有必要，剔除羊排上多余的脂肪。轻轻地击打羊排，然后用特级初榨橄榄油、预先洗净和干燥的百里香叶和迷迭香腌制10分钟。

在烤架上烤羊排，每一面烤4~5分钟。用盐和胡椒调味，趁着羊排新鲜出炉立即享用，配上您自己选择的配菜即可。

羔羊肉，复活节的象征

"Agnello a scottadito"字面上的意思就是"烫手指的羔羊肉"，是典型的罗马和拉齐奥的美食。它被这样称呼是因为当羔羊肉烤熟时，你一定要用手立刻吃掉它，这是必须的（你不能使用餐具吃这些羊排），这样会烫伤你的手指。这是一道传统的复活节食谱。

在同样的传统中，复活节鸽子蛋糕（colomba pasquale）象征着人世与天堂之间的和平，鸡蛋象征重生和生育，钟声宣布了耶稣复活的快乐，羔羊象征着无辜和纯洁。

烤羊肋排可以与经典的烤土豆一起享用，或是配上用一点蒜、油和迷迭香快速翻炒的菊苣，还可以配上一道简单新鲜的春日沙拉。它还可以搭配酸度适中的淡红葡萄酒，比如切尔韦泰里（Cerveteri）、基安蒂（Chianti）或者韦莱特里（Velletri）等品种。

罗马菜非常看重羊肉。羔羊——更常见的是所谓的"abbacchio"，罗马方言中的小乳羊——用许多不同的方式烹饪：和土豆一起放入烤箱中；与番茄、大蒜苗和葡萄酒一起炖；与大蒜、迷迭香、白葡萄酒、鳀鱼和辣椒一起煮；还有炖肉和砂锅。食用的是不同的切割部位，包括腿肉、肩肉和整条肋排。

托斯卡纳烤猪里脊

ARISTA ALLA TOSCANA

难度1

配料为4人份
制作时间：1小时30分钟（30分钟准备+1小时烹饪）

猪里脊肉（连骨）约1千克
大蒜 2瓣
迷迭香 2枝
特级初榨橄榄油 100毫升
盐和胡椒粉 适量

做法

将猪里脊肉的骨与肉从关节部位分开，不需要去除猪骨。

混合切碎的大蒜、迷迭香、大量的盐和一小撮胡椒粉。在骨和肉之间撒上一半的混合物。然后将关节的两个部分用厨房麻绳绑在一起。将其余的大蒜和迷迭香混合物抹在肉的外面，充分按摩。

将肉放在烤盘中。洒上特级初榨橄榄油，放入预热好的烤箱中，180℃烤约1个小时。

当肉烤熟后，取掉麻绳和骨头，肉切片。与肉汁一起食用即可。

阿里斯托斯，阿里斯托斯！

根据一个令人动情的传说，佩莱格里诺·阿尔图西在1891年的《烹饪和健康饮食的艺术》中也提到过这个故事。"arista"的意思是附着在骨头上的猪里脊肉——托斯卡纳美食经常用来烘烤的肉类部位，用大蒜、迷迭香和胡椒调味。起源于1439年的佛罗伦萨，当时召开了由科西莫·德·美第奇组织的希腊东正教会和罗马天主教会的大公会议。在庆祝教会会议重要工作的许多宴会之中的一次，希腊东正教的枢机主教巴塞里奥·贝萨里翁（Basilio Bessarione）在品尝了用猪里脊肉制成的优质烤肉后，惊呼道："阿里斯托斯，阿里斯托斯！"意思就是"这是最好的！这是最好的！"出席那次午餐的佛罗伦萨人喜欢这个名字，以至他们决定用这个名字来命名这个部位的肉。

然而，有一个可追溯到1287年的佛罗伦萨文件，提到了一句"猪里脊"（arista di porcho），而诗人弗兰科·撒介题（Franco Sacchetti）在他14世纪末的小说中也曾经写道："烤里脊"（un'arista al forno）。

猪里脊可以烤着吃，也可以冷食，特别是在夏天：它被切成很薄的薄片，并用特级初榨橄榄油和柠檬制成的酱汁蘸着吃。

维琴察腌鳕鱼干

BACCALÀ ALLA VICENTINA

难度2

配料为4人份
制作时间：4小时20分钟（20分钟准备+4小时烹饪）

泡发鳕鱼干 500克
洋葱 250克
牛奶 500毫升
鳀鱼 3条
欧芹 50克
特级初榨橄榄油 500毫升
磨碎的帕尔马干酪 20克
玉米面粉 250克
黄油 适量
面粉 适量
盐和胡椒 适量

做法

将洋葱切碎，炒锅中放一点特级初榨橄榄油，快速翻炒，然后加入鳀鱼。

将泡发鳕鱼干切成小片，用盐和胡椒调味，撒上面粉，放在煮锅中。用炒过的洋葱、欧芹、磨碎的帕尔马干酪、牛奶和其余的特级初榨橄榄油覆盖住。

小火烹饪约4小时。

与玉米粥一起食用。

玉米粥的做法，将玉米面粉匀速倒入沸腾的盐水中，并同时加入少量黄油（最好使用铜锅）。

玉米粥煮约30分钟，其间经常用木勺搅拌即可。

维琴察的骄傲

这道菜一直在与建筑大师帕拉第奥（Palladio）竞争成为维琴察市的象征物。其理由也非常充分。维琴察腌鳕鱼干是一种真正的美味，虽然它们被维琴察人错误地称作腌鳕鱼干，但其实这种鱼是在寒冷的北方空气下，在挪威的木制货架上经历了漫长的暴露而干制的，并没有使用盐。

似乎这道非常简单但美味的菜肴起源于1432年，当时由威尼斯人船长彼得罗·奎里尼（Pietro Querini）指挥的船只在挪威外海的罗斯特岛（Rost Island）沉没了。当船长回到家时，带来了一份纪念品食物，一些受挪威人喜爱的鱼干：鳕鱼。在鳕鱼到达意大利以后，维琴察厨师通过想象力创造出一种烹饪这些新奇玩意的原创方式。这道菜肴，和新鲜烹饪或是煮熟为褐色的玉米粥一起食用，立即获得了成功。即使是像1580年访问维琴察的法国哲学家米歇尔·德·蒙田（Michel de Montaigne）一样的文化人士，也认为维琴察唯一值得拯救的就是维琴察腌鳕鱼干。

佛罗伦萨大牛排

BISTECCA ALLA FIORENTINA

难度1

配料为4人份
制作时间：20分钟（5分钟准备+15分钟烹饪）

嫩牛肉T骨牛排 2块（每块至少900克）
特级初榨橄榄油 适量
盐和胡椒 适量

做法

烹饪前30分钟，嫩牛肉T骨牛排应从冰箱中取出，使其处于室温。

将它们放在轻轻抹过特级初榨橄榄油的烧红烧热的烧烤架上，不用任何调味料，每面烹饪5~7分钟，具体取决于喜欢的牛排熟度。不要戳牛排，只在烹饪时加盐。

将牛排放置5分钟，以便肉汁均匀分布到肉中。

食用时撒上一些新鲜磨制的胡椒和一点特级初榨橄榄油即可。

从牛排到大牛排（BISTECCA）

体重至少为500克的佛罗伦萨牛排，应该厚得能够独自直立起来，直接在烤格或烤架上烹饪。它是托斯卡纳美食中最著名的菜肴之一。最适合的肉是来自契安尼那（Chianina）品种的牛肉，这道菜使用整块腰部的肉，包括骨头。

在他著名的烹饪手册《烹饪和健康饮食的艺术》（1891年）中，佩莱格里诺·阿尔图西定义了佛罗伦萨大牛排："我们的大牛排之名，来源于英语词汇的牛排。这是骨头上的一块肉，一根手指或一根半手指那么厚，从小腿之上的腰部切下来。"

它的起源也许在时间的迷雾中迷失了，但它的名声和名字似乎可以追溯到15世纪的佛罗伦萨，当时，美第奇家族将托斯卡纳的首府城市建成了一个国际中心，成为来自世界各地的旅客必经的十字路口。在每年8月10日的圣老楞佐节之夜，城市周围会举行篝火晚会的庆祝活动。在活动中，大块肉被烧烤并分发给人群，似乎在其中的一次活动，一群英国骑士称这些鲜美多汁，大口吃下的东西为"牛排"。

混合炖肉

BOLLITO MISTO

难度2

配料为8人份
制作时间：2小时30分钟（30分钟准备+2小时烹饪）

鸡 1只，约1.2千克　　　　　　　　　小牛的牛尾 1根，约1千克
牛肋 1千克　　　　　　　　　　　　洋葱 1个
牛腩 1千克　　　　　　　　　　　　胡萝卜 2根
牛小腿 650克　　　　　　　　　　　芹菜秆 2根
小牛的牛头肉 1千克　　　　　　　　韭葱 1根
小牛的牛舌 1条，约1千克　　　　　　丁香 1瓣
熏猪肉香肠 1根，约1千克　　　　　　粗盐 适量

做法

用针刺穿熏猪肉香肠，用冷水浸泡在锅中，中火煮沸，再煮约1小时。另一个煮锅中烧沸盐水，放入小牛的牛舌，煮熟，直到可以用叉子轻易地刺穿。以同样的方式煮小牛的牛头肉。

用两个大锅盛满水。放入韭葱、丁香嵌入的洋葱和洗净切成大块的芹菜秆和胡萝卜。用一点粗盐调味，煮沸。

将不同类型的牛肉放在一个煮锅中，另一个煮锅中放入鸡（根据放入的肉类不同，至少需要1.5～2小时）煮制。煮熟后，沥干鸡肉，并逐一沥干其他种类的牛肉。煮熟的混合肉趁热切成块或片。与下面的酱料一起食用即可。

蜂蜜酱（SALSA AL MIELE）

难度1

配料为4人份
制作时间：2小时20分钟（20分钟准备+2小时烹饪）

蜂蜜 250克　　　　　　　　　　　　芥末粉 10克
核桃仁 80克　　　　　　　　　　　　汤 30毫升

做法

用研钵或食品加工机的"S"形刀片切碎核桃仁。将芥末粉溶解在一点热汤中。用小煮锅加热蜂蜜，当它变温热时，将其与核桃仁一起倒入研钵中，并将其与溶解在汤中的芥末粉充分混合。酱汁放置几个小时后即可使用。

山葵酱（SALSA AL RAFANO）

难度1

配料为4人份
制作时间：20分钟

山葵根 150克　　　　　　　　　　　特级初榨橄榄油 30毫升
王后苹果 1个　　　　　　　　　　　葡萄酒醋 80毫升
糖 1茶匙　　　　　　　　　　　　　盐 适量

做法

剥皮并磨碎山葵根，加入一点盐和糖。磨碎王后苹果并将其添加到山葵根中。用勺子混合，加入葡萄酒醋和特级初榨橄榄油完成酱汁。

浓味青酱（SALSA VERDE RICCA）

难度1

配料为4人份
制作时间：20分钟

欧芹 1束
陈面包卷 1个
盐渍刺山柑花蕾 10个
盐渍鳀鱼 2条
鸡蛋 2个

大蒜 2瓣
特级初榨橄榄油 100毫升
葡萄酒醋 50毫升
辣椒（可选） 适量
盐 适量

做法

鸡蛋在水中煮8分钟，煮硬，冷却，剥掉蛋壳并除去蛋黄。取下陈面包卷的硬壳，将其余部分浸泡在葡萄酒醋中，然后轻轻拧干。洗净欧芹，去除茎秆，并剥去大蒜外皮。将刺山柑花蕾置于水中脱盐，并将鳀鱼脱盐和切片。以特级初榨橄榄油混合所有成分，按自己的口味加入辣椒。加盐调味，用特级初榨橄榄油盖住酱以便保存。

简化青酱（SALSA VERDE SEMPLICE）

难度1

配料为4人份
制作时间：20分钟

欧芹 1束
陈面包卷 1个
大蒜 2瓣

特级初榨橄榄油 100毫升
葡萄酒醋 50毫升
盐 适量

做法

取下陈面包卷的硬壳，将其余部分浸泡在葡萄酒醋中，然后轻轻拧干。洗净欧芹，去除茎秆，并剥去大蒜外皮。在食物处理器中混合所有成分并加入特级初榨橄榄油。加盐调味，用特级初榨橄榄油盖住酱以便保存。

红酱（BAGNETTO ROSSO）

难度1

配料为4人份
制作时间：2小时15分钟（15分钟准备+2小时烹饪）

樱桃番茄 1千克
番茄酱 20克
洋葱 150克
胡萝卜 100克
芹菜 70克
甜椒 50克

大蒜，切碎 2瓣
欧芹，切碎 1茶匙
罗勒 1束
特级初榨橄榄油 30毫升
辣椒 适量
盐和胡椒 适量

做法

剥去樱桃番茄的皮并除去籽，然后切为4瓣。以特级初榨橄榄油快速翻炒洋葱、胡萝卜、芹菜、甜椒和切碎的大蒜。当蔬菜变软后，加入欧芹、罗勒和辣椒，2分钟后加入樱桃番茄和番茄酱。最后，加盐和胡椒调味。小火煮约2小时，不时搅拌。煮熟后，加入盐和辣椒调味即可。

皮埃蒙特糖浆蜜饯（COGNÀ）

难度1
配料为4人份
制作时间：4小时20分钟（20分钟准备+4小时烹饪）

葡萄汁 10升
榅桲 1.5千克
梨（熟透的）1.5千克
桃或李子 1.5千克
新鲜无花果 15个（或10个干无花果）
核桃仁 300克

烤榛子 300克
杏仁 300克
柠檬皮 3个的量
丁香 10～12瓣
肉桂枝 5厘米～6厘米

做法

　　葡萄汁中加入3个柠檬的皮，煮至液体减少一半。按以下顺序加入切碎的水果：榅桲、梨、桃或李子、新鲜无花果和所有干果。然后将丁香和肉桂枝置于纱布袋中加入。煮酱汁，一直搅拌，至少煮4个小时，然后将其倒入玻璃罐中，如果愿意的话可以进行灭菌。灭菌方法如下，牢牢地拧紧瓶盖，用布包住瓶子，以防止它们破裂，并将其放入煮锅中。加水没过瓶子并以小火煮沸至少20分钟；让其在水中自然变凉，然后检查是否关牢即可。

克雷默那芥辣蜜饯（MOSTARDA CREMONESE）

难度2

配料为4人份
制作时间：5天

水果什锦（橘子、梨、王后苹果、樱桃）
1千克

糖 500克
芥末精华液 适量，至少10～20滴

做法

　　水果去皮切块，放在碗里，撒上糖。腌制约24小时。过滤出的腌制汁液在小煮锅里煮沸约10分钟，然后倒回水果中。再腌制24小时。重复此操作5天。最后一天将所有材料（包括水果）煮沸5分钟。加入芥末精华液，然后将制成的芥辣蜜饯倒入瓶子。

曼图亚芥辣蜜饯（MOSTARDA MANTOVANV）

难度1

配料为4人份
制作时间：3天零20分钟（20分钟准备+3天腌制）

榅桲（或是王后苹果）1千克
糖 400克

芥末精华液 适量，至少10～20滴

做法

　　王后苹果或榅桲削皮切块，放在碗里，撒上糖。腌制24小时。过滤出的腌制汁液在小煮锅里煮沸约10分钟，然后倒回水果中。再腌制24小时。重复此操作。让水果再腌制24小时，然后将所有材料煮（包括水果）5分钟。加入芥末精华液，将制成的芥辣蜜饯倒入瓶子。

巴罗洛红葡萄酒炖牛肉

BRASATO AL BAROLO

难度3

配料为4人份
制作时间：15小时30分钟（30分钟准备+12小时腌制+3小时烹饪）

牛肩肉 1.5千克	迷迭香 1枝
巴罗洛红葡萄酒 1瓶	鼠尾草 1束
特级初榨橄榄油 50毫升	月桂叶 1片
大蒜 2瓣	丁香 1瓣
洋葱 1个	肉桂 1根
大胡萝卜 1根	胡椒 3~4粒
芹菜 2根	盐 适量

做法

用厨房麻绳将牛肩肉缠起来，与干、鲜香料和洗净沥干并切成块的蔬菜一起放在碗里备用。

倒上巴罗洛红葡萄酒，在冰箱里腌制12小时。将牛肩肉沥干，腌料留着备用。沥干蔬菜。

煮锅中倒入特级初榨橄榄油并加热，炒牛肩肉。加入蔬菜，继续炒，然后用腌料没过，加盐，盖上锅盖。小火煮。

牛肩肉煮熟后，将其从煮锅中取出并冷却，使其更容易切片。同时，将酱汁放入蔬菜粉碎机（或在食品加工机中混合），用网筛过滤，并在必要时减少总量。

将厚实的切片浸在酱汁中一段时间让其更加入味即可。

巴罗洛：红酒之王，王者之酒

丰富的个性，精致，浓烈。高贵而又慷慨。生产于皮埃蒙特地区库尼奥省的一个小丘陵地带的巴罗洛红葡萄酒，是意大利最好的葡萄酒之一。它是从3种类型的内比奥罗葡萄发酵得来的：米启特（Michet）、蓝庇亚（Lampia）和桃红（Rosè）。这种红酒必须至少要成熟3年，在橡木或是栗木桶储存2年。

它的名字来自于巴罗洛侯爵夫人法莱蒂（Falletti），19世纪中叶第一个在他们自己的葡萄园生产这种酒的人。那时他们把325个卡拉桶——一种特别的椭圆形的桶——装在一辆马车上，送给萨伏依王朝的查尔斯·阿尔伯特国王（King Charles Albert of Savoy），因为国王曾经表达了对这种每个人都在谈论的新葡萄酒的渴望。这位君主深深地为这种微带一点橙色的石榴红汁所吸引，带着罕见的复杂和撼人心魄的丝滑口感，于是他决定购买韦尔杜诺城堡（Castle of Verduno）、伯伦佐（Pollenzo）和圣维托里亚达尔巴（Santa Vittoria d'Alba）等地的庄园，好让他自己也可以制造这种葡萄酒。

巴罗洛红葡萄酒是所有红肉的理想伙伴，尤其是野味。它与烤肉和炖菜，焖肉以及煮肉都很搭配。巴罗洛红葡萄酒也是成熟奶酪和配有松露的菜肴的极佳伴侣。

亚得里亚鱼肉汤

BRODETTO DELL'ADRIATICO

难度2

配料为4人份
制作时间：1小时10分钟（40分钟准备+30分钟烹饪）

安康鱼 300克
中等大小的红鲻鱼 4条，每条约400克
对虾 4只
石头鲈 200克
蛤蜊 20个
贻贝 20个
鱿鱼 100克
洋葱 200克

芹菜 100克
大蒜 2瓣
欧芹，切碎 1汤匙
特级初榨橄榄油 40毫升
粗面包 16片
盐和胡椒 适量

做法

彻底清洁安康鱼、红鲻鱼、对虾、石头鲈、蛤蜊、贻贝和鱿鱼。

将贻贝和蛤蜊单独放在平底煎锅里，通过在其壳上冲水加热它们，一旦它们的口打开，将它们放在一边。然后用一个细筛过滤烹饪液并将其先放置在一边。

切碎洋葱、大蒜和芹菜，并在放入特级初榨橄榄油的大煎锅中快速翻炒。

加入切成圆环状的鱿鱼，几分钟后，加入完整的红鲻鱼和切成块的石头鲈。5分钟后，加入切成大块的安康鱼。倒入贻贝和蛤蜊的烹饪液，加入盐和胡椒调味，完成烹饪，整个过程大概需要30分钟。最后添加贻贝和蛤蜊。

煮熟以后，撒上切碎的欧芹。与已经在烤箱或煎锅中烤好的粗面包片一起食用即可。

亚得里亚美食的象征

如果说"鱼汤"（zuppa di pesce）是第勒尼安海岸意大利地区的旗舰菜，那么"鱼肉汤"（brodetto di pesce）就肯定是亚得里亚北部和中部沿海地区——包括威尼托、罗马涅、马尔凯和阿布鲁佐——海鲜烹饪的象征。

它原本是渔民吃的"廉价"菜，使用他们卖不掉的鱼，卖不掉因为这些鱼质量差或是体积小。似乎他们甚至还使用了一些海藻和软体动物攀附的碎片。像所有传统食谱一样，它与所在地密切相关，每个港口根据所用的鱼类和制作过程不同都有所变化。例如，在罗马涅和菲诺（Fano）地区制作的鱼肉汤，其配料还包括了番茄酱和醋。泰莫里（Termoli）的特色是新鲜的辣椒。在瓦斯托（Vasto）制作的鱼肉汤则放入整条的鱼。

里窝那鱼汤

CACCIUCCO ALLA LIVORNESE

难度2

配料为4人份
制作时间：2小时10分钟（1小时20分钟准备+50分钟烹饪）

章鱼 1千克
墨鱼 500克
星鲨（鱼） 300克
对虾 500克
小虾 500克
贻贝 300克
石头鲈 300克
洋葱 200克
芹菜 100克
胡萝卜 100克

大蒜 2瓣
红或白葡萄酒 200毫升
辣椒 适量
去皮番茄 500克
特级初榨橄榄油 40毫升
粗面包 16片
盐和胡椒 适量

做法

清洁章鱼、墨鱼、星鲨、对虾、小虾、贻贝和石头鲈。在盐水中将章鱼煮沸45分钟～1小时（煮至几乎全熟）。将贻贝放在煎锅中，盖上盖子，边加热边以水冲洗使其开口。

一旦贻贝开口，放在一边。以细筛过滤烹饪液，置于一旁。

在此期间，切碎洋葱、胡萝卜、一瓣大蒜和芹菜，在煮锅中放入特级初榨橄榄油和辣椒一起快速翻炒，锅最好由陶器制成。

加切成条状的墨鱼，几分钟后，加入石头鲈鱼片，然后加入星鲨鱼片。用葡萄酒泼在鱼上，让酒蒸发，加入切碎的去皮番茄。加入烹饪液、盐和胡椒。

大约15分钟后，加入对虾和切好的熟章鱼，再煮30分钟。最后，添加小虾和贻贝，最后再煮5～10分钟。

在烤箱或烤架上烤粗面包片，用剩余的大蒜瓣擦拭，将粗面包片放入汤碗的底部，倒入鱼汤即可。

鱼汤的起源

这道典型的里窝那海鲜菜肴的起源已经迷失在时间的迷雾之中了。可能是成本低廉的菜肴，以当天因为质量低劣而未售出的原料制作，也许有腓尼基的起源（cacciucco的名字源自土耳其语kuzuk，意思是"微小角度"，指组成这道菜的鱼肉碎片）。似乎相当肯定的是，它曾经在16世纪由帆船厨房制作出来喂养那些被链条锁住的桨手。

利古里亚海鲜蔬菜拼盘

CAPPON MAGRO

难度2

配料为4人份
制作时间：2小时

压缩饼干 4块（或4片面包片）
海鲈鱼或白姑鱼 800克
多刺龙虾 1只，约750克
对虾 4只
腌干海豚肉或腌熏鱼子 约25克
盐渍鳀鱼 2条
煮硬的鸡蛋 2个
花椰菜 300克
四季豆 100克
土豆 100克
胡萝卜 100克
芹菜 50克
甜菜根 200克
白萝卜 200克
油浸蘑菇 60克
菜蓟 2个
青橄榄 12个
柠檬 1个

特级初榨橄榄油 40毫升
红酒醋 50毫升
盐 适量
酱料配料
欧芹 8克
去皮面包 20克
醋 15毫升
松子 15克
盐渍鳀鱼 15克
刺山柑花蕾 15克
特级初榨橄榄油 15毫升
去核青橄榄 10克
大蒜 1瓣
蛋黄 2个
盐 适量

做法

制作酱料，将去皮面包浸泡在醋中使其变软。然后取出来拧干，在食物处理器中将去皮面包、去骨脱盐的鳀鱼、1瓣大蒜、2个煮鸡蛋的蛋黄、刺山柑花蕾、去核青橄榄、松子、欧芹和一些特级初榨橄榄油混合在一起。加盐调味。

清洗花椰菜、四季豆、芹菜和胡萝卜，放入盐水中煮沸。清洗土豆、白萝卜、甜菜根和菜蓟，将它们都切成两半并分开煮沸。蔬菜切小方块或切片，加入一半的特级初榨橄榄油、盐和一滴红酒醋。

清洗鱼，并在盐水中将其煮沸。分别煮多刺龙虾和对虾。把鱼切成块。多刺龙虾和对虾除去外壳，虾肉切片。用剩余的特级初榨橄榄油、一个柠檬的汁液和一小撮盐制作酱汁。

在一个菜盘中分层排列配料，蔬菜和鱼肉交替，然后每一层都浇上一点点酱料。

最后完成多刺龙虾和对虾拼盘，每部分放置一条鳀鱼，切片的腌干海豚肉或腌熏鱼子，切片的熟鸡蛋，青橄榄和油浸蘑菇铺在表层。将剩余的酱汁倒在盘子上。配上压缩饼干或是洒上几滴醋的切片面包食用即可。

栗子酿阉鸡

CAPPONE RIPIENO DI CASTAGNE

难度3

配料为4人份
制作时间：2小时（1小时准备+1小时烹饪）

鸡 1只，约1千克	大蒜 2瓣
香肠 400克	迷迭香、百里香、月桂叶和鼠尾草 适量
去皮熟栗子 100克	肉豆蔻 适量
鸡蛋 1个	盐和胡椒 适量
洋葱 200克	
胡萝卜 150克	
芹菜 80克	

做法

清理、洗净并沥干鸡。去除鸡胸骨，并用盐和胡椒涂抹在内部调味。

制作馅料，除去香肠的肠衣，将香肠肉、鸡蛋和一小撮肉豆蔻揉搓在一起。用盐和胡椒调味。

去皮熟栗子加到馅料中。

用馅料填充鸡的内腔，并使用厨房用针和麻绳封住胸部开口。

准备好洋葱、胡萝卜和芹菜，切成小方块。

在烤盘上嫩煎鸡，然后加入蔬菜、一些预先洗净并沥干的迷迭香、百里香、月桂叶、鼠尾草和一整瓣去皮大蒜，并在烤箱内以180℃烤鸡50分钟～1小时。

如有需要，加少许水。

一旦鸡烤熟，用烤箱纸包裹起来并放在一边。

取出并过滤烹饪液。将鸡肉切片，配上烹饪液制成的酱汁即可。

圣诞美食

栗子酿阉鸡是一道典型的皮埃蒙特美食，是一道经典的圣诞大餐。"阉鸡"（Capon）是一种大约在2个月大的时候被阉割的公鸡（这个名字来源于希腊语的动词"koptein"，意思是阉割），这种鸡被养肥，其肉质变得柔嫩多汁。与普通的鸡相比，一只阉鸡的白肉比例更高，口感更好。

在古希腊，公鸡被阉割是为了解决在同一个窝里有太多公鸡的问题，同时也是为了改良它们的肉质。在古罗马时代，普通百姓在自家繁殖鸡是被禁止的，阉割公鸡成为一个有利可图的做法，以规避障碍并品尝美味的菜肴。

皱叶甘蓝炖猪肉

CASSOEULA

难度2

配料为4人份
制作时间：2小时20分钟（20分钟准备+2小时烹饪）

猪排骨 1千克
新鲜猪肉香肠 800克
皱叶甘蓝 800克
洋葱 200克
特级初榨橄榄油 50毫升
番茄酱 400克
鼠尾草和迷迭香 适量
盐和胡椒 适量

做法

猪排骨和新鲜猪肉香肠分别煮至半熟，冷水入锅至煮沸。

同时将洋葱切片，大煎锅中倒入特级初榨橄榄油，放入洋葱。加入皱叶甘蓝，甘蓝预先洗净并切成条，煮几分钟。加入番茄酱，用盐和胡椒调味，然后加入肉。

小火炖约2小时。

洗净、沥干并切碎鼠尾草和迷迭香。当肉煮熟后，加入切碎的香料即可。

温暖人心的冬日菜肴

这道菜是典型的伦巴第特别是米兰地区的美食。"cassoeula"的名称可能源自一个方言词"casseruola"，指的是用来混合煮锅（casseou）里正在煮的东西的勺子。在冬季，它是最常吃的菜了。

这道又简单又受欢迎的主菜，似乎被伟大的指挥家阿托罗·托斯卡尼尼（Arturo Toscanini）所喜爱，它起源于20世纪初，也许是一种"农民"菜肴的变种，这种菜肴传统上是为1月17日的圣安当瞻礼而准备的。皱叶甘蓝炖猪肉中的猪肉都是不太贵重的部分，如头、耳朵、皮、腿部和排骨，这些有助于增加这种甘蓝炖肉的味道。

据一些历史学家说，今天吃的皱叶甘蓝炖猪肉是一道华丽的圣诞巴洛克风味菜肴的简化和平民的版本，在这道菜肴中，甘蓝和猪肉为基底，再搭配各种特别肥腻和美味的肉。在今天，在意大利北部的一些地方，如诺瓦拉（Novara）地区，皱叶甘蓝炖猪肉还要额外加上鹅肉。

热那亚酿小牛胸肉

CIMA ALLA GENOVESE

难度3

配料为4人份
制作时间：3小时（1小时准备+2小时烹饪）

小牛肉口袋（胸肉） 750克
瘦小牛肉 100克
干蘑菇 50克
松子 100克
磨碎的帕尔马干酪 50克
豌豆 50克

鸡蛋 3个
大蒜 1瓣
马郁兰 适量
肉豆蔻 适量
盐和胡椒 适量

做法

鸡蛋煮约6分钟，冷却，然后除去蛋壳。

将干蘑菇浸泡在温水中，让其充分吸收水分，然后拧干并切碎。

豌豆在盐水中煮几分钟，放凉。

瘦小牛肉剁成肉馅。加入盐和胡椒、一小撮切碎的马郁兰、磨碎的帕尔马干酪、一小撮肉豆蔻、切碎的大蒜、蘑菇和松子。

最后，加入豌豆，将混合物作为馅料塞入小牛肉口袋（胸肉），与整个的煮鸡蛋一起。用厨房针封闭住小牛肉口袋（胸肉），并用一块布包起来。用厨房麻线将肉包捆紧，煮大约2小时，从冷水开始。

让肉包在煮水中冷却，一旦冷却，取下外皮并切片。

"歌颂酿小牛胸肉"

在青酱拌面之后，酿小牛胸肉可能是最著名和最受欢迎的利古里亚，特别是热那亚的菜肴了。这是一道非常古老的主菜，它可以追溯到很久以前，那时，为了不浪费任何肉类并充分利用它们，利古里亚人会准备美味和营养的烤菜，并把家里能找出来的东西都填塞进去。

著名的热那亚歌手和歌曲作家法布里奇奥·德·安德烈（Fabrizio De André）特别喜欢这道菜，并与他的同事伊万诺·佛萨提（Ivano Fossati）一起以热那亚方言为这道菜献上了一首名为《酿小牛》（*Açimma*）的歌曲。歌曲的歌词不是探索菜肴的成分，而是强调它用香料浸洗的重要性，首先和最重要的，是使用马郁兰，且它的做法一直是利古里亚家庭主妇的微妙和复杂的仪式。事实上，在烹饪时总有裂开的危险，这将会破坏所有已经开始进行的准备工作。

野猪肉玉米粥

CINGHIALE CON POLENTA

难度3

配料为4人份
制作时间：15小时30分钟（30分钟准备+12小时腌制+3小时烹饪）

野猪肉配料
瘦野猪肉 1.2千克
红葡萄酒 1瓶
特级初榨橄榄油 50毫升
大蒜 2瓣
洋葱 1个
大胡萝卜 1根
芹菜 2根
迷迭香 1枝
鼠尾草 1束
月桂叶 1片
盐 适量

丁香 1瓣
肉桂 1根
胡椒 3～4粒
刺柏（juniper） 3～4个
葡萄果渣白兰地 1杯
番茄酱 1汤匙
玉米粥配料
水 500毫升
玉米面粉 100克
黄油 20克
盐 适量

做法

瘦野猪肉切3厘米～4厘米的丁，放在碗里，加入香料、整瓣大蒜以及已经洗净并沥干和切丁的蔬菜。

浇上红葡萄酒并在冰箱中腌制12小时。

捞出瘦野猪肉沥干。分别沥干蔬菜。

煮锅倒入特级初榨橄榄油并加热，然后加入瘦野猪肉和另外一整个蒜瓣并煎炒。加入蔬菜，继续炒。倒入一杯葡萄果渣白兰地，然后用腌料没过。用盐调味，加番茄酱，盖上锅盖，小火煮。

瘦野猪肉煮熟以后，将其从煮锅中取出。将酱汁倒入食品研磨过滤器（或是在食品处理器中混合），用筛子过滤，并在必要时减少液体。

将瘦野猪肉放回酱中，浸泡入味。

与此同时，制作玉米粥，将玉米面粉匀速倒入煮沸的盐水中，并加入少量黄油（最好用铜锅）。

煮约30分钟，经常用木勺搅拌。

与新鲜煮熟的软玉米粥一起享用瘦野猪肉，或者，如果喜欢的话，可以搭配被称为"crostoni"的玉米粥片。

制作玉米粥片，将煮熟的玉米粥倒入抹过黄油的烤盘中，将其压扁至1厘米～2厘米的厚度，然后放冷。当它变冷时，将其切成您想要的形状，并在烤箱或烤网格上烤成棕色。

罗马炖牛尾

CODA ALLA VACCINARA

难度2

配料为4人份
制作时间：4小时20分钟（20分钟准备+4小时烹饪）

牛尾 1千克
洋葱 1个
胡萝卜 1根
芹菜 1根
干白葡萄酒 200毫升

番茄浆 200克
特级初榨橄榄油 25毫升
欧芹，切碎 1茶匙
辣椒 适量
盐和胡椒 适量

做法

将牛尾切大块，在未加盐的水中煮5分钟至半熟。

中火加热煮锅中的特级初榨橄榄油，油热时，加入清洗切碎的洋葱、欧芹和胡萝卜以及一点辣椒。

当混合物变深色时，加入牛尾、少许盐和胡椒，继续煮直到牛尾完全变色。当它煮成均匀的金色时，倒入干白葡萄酒，蒸发以后，加入番茄浆和足够的水来完全盖住肉。

盖上锅盖以小火焖4个小时，每当炖肉变得太干时加入水。

与此同时，将芹菜洗净切块。在煮熟前约20分钟加入肉中。

仙女的食物

炖牛尾是罗马美食的经典之作。它起源于20世纪初屠宰场周围的饮食店，那里的工人会收集那些卖不出去的牛杂碎，如牛肚、牛心、牛脾、牛肠等所有的内脏。在这些内脏中，牛尾从过去到现在都是最受追捧的。

这道传统菜肴主要有两个版本，都非常多汁，就像罗马方言中的一首诗说的那样，"当你在享用它的时候，你会想到仙女的食物"。不过这两者之中哪一种更加历史悠久已不可知，两者都是一直并肩存在的。在一种食谱中，在牛尾煮熟前几分钟加入用葡萄干、松子和苦巧克力制成的酱汁。在另一种食谱中没有这个步骤。其他的一些食谱还包括牛脸颊和牛舌，当烹饪完成时还要加上一点肉桂粉或一小块肉豆蔻。

在罗马，牛尾煮熟的酱汁也用于搭配波纹管面，这是一种用硬粒小麦粗面粉制成的短面食的典型形状，食用时再撒上大量的罗马绵羊奶酪，并配上一块牛尾。

阿斯蒂炖兔肉

CONIGLIO ALL'ASTIGIANA

难度2

配料为4人份
制作时间：1小时20分钟（30分钟准备+50分钟烹饪）

兔肉 1.5千克
白葡萄酒 200毫升
特级初榨橄榄油 50毫升
大蒜 2瓣
洋葱 1个

迷迭香 1枝
鼠尾草 1束
月桂叶 1片
甜椒 3个（不同颜色）
盐和胡椒 适量

做法

兔肉切块，用盐和胡椒调味，在煎锅中用一半的特级初榨橄榄油快速翻炒。

在煮锅里倒入其余的特级初榨橄榄油，快速翻炒切成细末的洋葱、整瓣去皮的大蒜和洗净沥干的迷迭香、鼠尾草、月桂叶。加入炒过的兔肉，倒入白葡萄酒继续煮，直至酒完全蒸发。然后用盖子盖住煮锅，中火煮约30分钟。确保烹饪液不会太干；如有必要，加一点水。

在此期间，洗净甜椒，去除椒籽和白色部分，切小丁，在烹饪一半的时候添加到兔肉中。

继续煮约20分钟。最后，让酱汁变浓。

趁酱汁很热时配上兔肉食用。记得除去大蒜。

阿斯蒂的美食之旅

阿斯蒂烹饪有很多面貌。这里不仅有珍贵的白松露；巴贝拉葡萄酒和起泡酒；还有奇妙的被授予地理原产地保护身份的罗卡维拉诺山羊奶酪（Robiola di Roccaverano）；布拉斯奶酪，这种奶酪具有非常强烈的味道，与葡萄果渣白兰地一起在罐子中发酵；还有非常特别的穆拉肠（Mula）；用猪肉和猪舌制成的蒙费拉托（Monferrato）萨拉米香肠。

此外，还有尼扎蒙费拉托（Nizza Monferrato）的驼背刺棘蓟，适合蘸着用油、大蒜和鳀鱼制成的美味香蒜鳀鱼辣酱（Bagna Caoda）食用；还有同样著名的桃子，用于制作甜品，用巴罗洛酒煮，或者填上馅料在烤箱里烤，与少许阿斯蒂莫斯卡托酒一起享用。在知名的甜品中，包括被称为岳母舌头饼（Suocera）的薄脆手工饼干；来自莫巴卢兹奥（Mombaruzzo）诱人的杏仁饼干；用茴香种子制成的被称为"finocchini"的饼干；还有用玉米糕和阿斯蒂朗姆酒做成的淑女之吻饼（Baci di Dama）。

还有许多典型的美食，如驴肉馅或兔肉馅的饺子；裹上面包屑炸，然后用松露覆盖，并在烤箱中短暂烘烤的阿斯蒂风味的猪排。然后，当然，还有著名的炸什锦（Fritto Misto），里面有羊排、小牛肝肾和芦笋尖。

干草烤羊腿

COSCIOTTO D'AGNELLO AL FIENO

难度2

配料为4人份
制作时间：4小时20分钟（20分钟准备+4小时烹饪）

羊腿 2.5千克
特级初榨橄榄油 50毫升
大蒜 2瓣
月桂叶、百里香和迷迭香 适量
5月干草 适量
盐和胡椒 适量

做法

羊腿去骨，在羊肉内部撒上盐和胡椒，用一半切好的香料（月桂叶、百里香和迷迭香）和1瓣大蒜盖住。将羊腿合在一起，并用厨房麻绳捆扎。

将盐和胡椒撒在羊腿外，煎锅中倒入特级初榨橄榄油和剩余的香料煎炸羊腿。

在烤箱中以180℃烘烤约1小时。

从烤箱中取出羊腿，并用水稀释烹饪出的汁液。过滤液体并放置在一边。

以5月干草裹住烤熟的羊腿，用一个纸质烤箱袋包裹，放回烤箱中，以100℃再次烘烤约3小时。

从烤箱中取出烤盘，将羊肉从烤箱袋中取出并切片。与先前留下的烹饪液一起享用即可。

餐桌上的干草

使用干草作为肉的覆盖物来烹饪，以此给菜肴添加了一些特殊的草香和花香，这种香气根据干草的来源而有所不同。在这道食谱中使用的5月干草来自5月份割下并晒干的草，而那时正是草成长和开花的高峰。它来自每年的第一轮切割，就质量而言，是最好的（8月和9月分别是第2次和第3次切割）。

根据其起源和植物组成，干草可能来自单一种类的森林草场，例如苜蓿（Medicago sativa），或是天然多种植物森林草场，也可能来自禾本科或豆科。禾本科干草富含纤维，其蛋白质含量远低于豆科干草，而豆科干草蛋白质含量非常丰富，含有钙、磷等元素，但纤维比较少。

米兰肉排

COSTOLETTE ALLA MILANESE

难度1

配料为4人份
制作时间：28分钟（20分钟准备+8分钟烹饪）

小牛肉排 4块，每块约200克
鸡蛋 2个
面包屑 100克
黄油 80克
面粉 适量
盐 适量

做法

如果需要，去除小牛肉排中多余的脂肪，然后用肉槌击打使肉质变嫩。

用3个步骤为小牛肉排裹上面包屑。准备3个盘子：一盘盛面粉，一盘盛用叉子搅打过的鸡蛋液，一盘盛面包屑。肉排在第1盘中裹上面粉，然后浸在第2盘搅打好的蛋液中，最后将裹上蛋液的肉排放在第3盘的面包屑中，每一面都要裹上面包屑。

最后一个步骤，用手轻轻按压，以确保面包屑铺满每块肉排的两面。

在煎锅中加热黄油，起泡时放入肉排，每面烹饪3~4分钟，注意不要让黄油变暗或开始冒烟。煮熟后，如果需要，可以在厨房用纸上轻轻地擦干小牛肉排，并轻轻地撒上盐，如果愿意，可配上一片柠檬。

两片肉排

与米兰调味饭和托尼甜面包（Panettone）一起，肉排是最典型的米兰菜，尽管由于奥地利称其为奥地利菜而常常成为学术辩论的中心。然而，到目前为止，没有明确的证据来证明，到底是米兰风格的肉排影响了维也纳炸牛排（Wiener Schnitzel），还是后者迁移到意大利创造了它的变种。

米兰肉排可以有两种类型：带骨肉排或是所谓的"大象耳朵"形。若是前者，食谱保留其原始版本，如果被嫩化，也只是非常轻微的。肉排大约3厘米厚，煮熟时，内部仍然柔软而且呈微微的粉红色。若是后者，骨头被移除，并且肉排被嫩化成一个宽薄片，烹饪时它的边缘会卷起来。这是一种更酥脆的版本，其中炸面包屑的味道占据了主导地位。

鸡肝酱珍珠鸡

FARAONA IN SALSA PEVERADA

难度2

配料为4人份
制作时间：1小时15分钟（30分钟准备+45分钟烹饪）

珍珠鸡配料
珍珠鸡 1只，约1千克
烟肉 200克
大蒜 1瓣
特级初榨橄榄油 30毫升
白葡萄酒 100毫升
鼠尾草和迷迭香 适量
盐和胡椒 适量
酱料配料
维琴佐萨拉米香肠 50克

母珍珠鸡鸡肝 1个
欧芹，切碎 2汤匙
柠檬皮 1个的量
盐渍鳀鱼 2条
特级初榨橄榄油 30毫升
醋 30毫升
胡椒 适量

做法

彻底清洁珍珠鸡，将肝脏留在一边。

用盐和胡椒抹在鸡身内部和外部调味，在一个煮锅里放入特级初榨橄榄油、切成小块的烟肉、整瓣去皮的大蒜和少许预先清洗切好的鼠尾草和迷迭香，快速翻炒。

将白葡萄酒洒在鸡身上，继续煮直到酒蒸发。

继续以小火烹饪，不要盖住煮锅，或在预热好的烤箱中烘烤约45分钟，不时加入几汤匙的温水。

煮熟后，将珍珠鸡分成块并保温。撇掉蒸煮汁中的油脂，用筛子过滤并放在一边。

与此同时，小平底煎锅中放特级初榨橄榄油，翻炒脱盐去骨的鳀鱼，切碎的母珍珠鸡鸡肝和维琴佐萨拉米香肠。将醋泼洒在上面，煮至蒸发。然后加入切碎的欧芹、切碎的柠檬皮、来自珍珠鸡的烹饪液和大量胡椒。减少酱汁。

鸡肝酱搭配珍珠鸡食用。

威尼托最著名的酱汁

鸡肝酱是威尼斯传统菜肴中最著名的酱料，是珍珠鸡、鸽子、鸡、鸭或烤火鸡的理想伴侣。它在中世纪已经是特色美食，后来又在文艺复兴时期成了全意大利的特色酱汁，特别是配上红肉和野味。这种令人愉快的酱汁，其名字来源于它本身特别辛辣这一事实，但最终还是被其他美食遮蔽住了，仅仅在威尼斯烹饪中使用。在这里，像所有的古老食谱一样，有很多不同之处，每道都有些许的不同。例如，在某些情况下，使用磨碎的辣根而不是胡椒粉；在某些食谱中，牛骨髓会取代肝脏。

威尼斯炒肝

FEGATO ALLA VENEZIANA

难度1

配料为4人份
制作时间：30分钟（10分钟准备+20分钟烹饪）

小牛肝 500克
洋葱 300克
黄油 85克
欧芹，切碎 1汤匙
面粉 适量
肉汤 适量
盐和胡椒 适量

做法

将洋葱切成小薄片，在一个煮锅中放入一半的黄油，快速翻炒洋葱，加入肉汤，以小火煮15分钟左右。

去除小牛肝的外皮和结缔组织，切成薄片。

小牛肝薄片裹上面粉，然后用剩下的黄油在煎锅里快速翻炒。加入洋葱、盐和胡椒。煨几分钟。

撒上切碎的欧芹即可。

卡萨诺瓦的激情

威尼斯炒肝是威尼斯传统菜肴中最著名的一道肉菜之一，以其古老的起源为荣。根据阿皮基乌斯（Apicio）230年的《论烹饪》（*De re coquinaria*）记载，从那时起古老的罗马人就烹饪肝脏，尤其是鹅肝和猪肝，并配以无花果以压制它那强烈的味道。

威尼斯人利用在潟湖周围发现的甜洋葱，即被称为基奥贾（Chioggia）的白洋葱，以减少肝脏的强烈铁锈味，这被证明是一个好办法。罗马人弗朗西斯科·列昂纳迪（Francesco Leonardi）1790年的《现代阿皮基乌斯菜谱》（*L'Apicio moderno*）中，有一条关于威尼斯风味小牛肝（fegato di mongana alla veneziana）食谱的记录："细细切碎4～5个洋葱，在一个煮锅里用少许黄油和少许油以小火软化。取小牛犊的肝脏，去除皮肤和结缔组织，切成非常薄的切片，在即将食用前，把小牛肝和洋葱放在一起，以大火烹饪；加入一些切碎的欧芹，煨炖直到煮熟，经常搅拌，去掉一些油脂，并配两汤匙酱汁和大量的柠檬汁。"

看上去，与列昂纳迪同时代的风流人物贾科莫·卡萨诺瓦（Giacomo Casanova）非常喜欢威尼斯炒肝。他最喜欢配上一大盘的洋葱……也许这是他使用的一种策略：让他的"猎物们"无法呼吸！

巴萨米可香醋牛肉片

FILETTO ALL'ACETO BALSAMICO

难度2

配料为4人份
制作时间：20分钟（10分钟准备+10分钟烹饪）

牛肉片 600克
面粉 40克
巴萨米可香醋 60毫升
特级初榨橄榄油 30毫升
肉汤 100毫升
盐和胡椒 适量

做法

将牛肉片切成4份。

将牛肉片放在盛面粉的盘子中，然后摇动它们以除去多余的面粉。

中火加热煎锅中的特级初榨橄榄油，油温变热时，加入已经用盐和胡椒调过味的牛肉片。牛肉片两面都要煎，煎到想要的程度，然后去除多余的油脂，并用巴萨米可香醋泼溅牛肉片。当巴萨米可香醋蒸发时，取出牛肉片并保持它们的温度。将肉汤倒入煎锅中，熬成较浓的酱汁。

搭配新鲜调制的酱汁食用牛肉片即可。

烹饪中的香醋

巴萨米可香醋可以让整顿饭丰富起来。它可以添加帕尔马干酪片的味道，成为一道美味的开胃菜，也可以添加到意大利调味饭，或者是热、冷面食中。它可以添加到薄肉片、鱼片或煮熟的肉类中，或是增添新鲜沙拉的味道，甚至可以配上草莓和香草冰淇淋食用，效果也是惊艳的。

但是最好在什么时候添加几滴香醋呢？在传统烹饪的菜肴中，最好在将食物从火上取下之前添加一点，这样它可以充分地为菜肴调味，同时释放其所有的香气。对于已经在餐桌上的热菜或冷盘，建议在食用前添加。然而，作为新鲜蔬菜的酱汁，理想的顺序是盐、巴萨米可香醋和油。

一般来说，已经熟化12年的传统巴萨米可香醋被用于烹饪食物和蔬菜，而已经成熟超过25年的超老醋被用于已经完成并在餐桌上等待食用的菜肴，例如帕尔马干酪，或是给肉和鱼类菜肴做最后的润色。

放多少是正确的数量？没有设定的规则，因为每道香醋的甜度和酸度都不同。然而，通常的量是比每人一汤匙少一些。

马尔萨拉葡萄酒烤猪肉

FILETTO DI MAIALE AL MARSALA

难度2

配料为4人份
制作时间：45分钟（30分钟准备+15分钟烹饪）

猪肉排 500克
猪网油 100克
猪油膏（烟肉脂肪）50克
大蒜 1/2瓣
特级初榨橄榄油 30毫升
黄油 50克
马尔萨拉葡萄酒 100毫升

帕尔马火腿，切片 50克
鼠尾草 适量
迷迭香 适量
百里香 适量
面粉 适量
盐和胡椒 适量

做法

在流水下冲洗猪网油。

准备猪油膏（烟肉脂肪）、鼠尾草、迷迭香、百里香和大蒜的混合物。

剔除猪肉排肉块所有多余的脂肪，用盐和胡椒调味，并将猪油膏和香料混合物撒在肉的表面。用帕尔马火腿将肉包裹住，然后再用猪网油包住。

肉块上轻铺面粉，煮锅中放特级初榨橄榄油和黄油，快速翻炒，然后加入一些已经修剪下来的肉，然后在200℃的烤箱中烘烤12～13分钟。一旦烤熟，从烤盘中取出肉块并保持温度。除去多余的脂肪，用马尔萨拉葡萄酒对烤盘洗锅收汁，并尽可能减少烹饪液。

肉切片，配上酱汁享用即可。

西西里的美酒，英格兰的事业

马尔萨拉是一种加强葡萄酒（fortified wine），享有地理原产地保护身份，在特拉帕尼省（Trapani）的马尔萨拉生产。但马尔萨拉葡萄酒是怎么诞生的呢？最可信的版本是来自约翰·伍德豪斯（John Woodhouse），一名来自利物浦的商人，他在1773年因遭遇风暴被迫在马尔萨拉港停泊他的船。在他逗留期间，他和他的船员都有机会品尝这个地方生产的葡萄酒，这种酒被储存在木桶里，以一种被称为"永续法"（perpetuum）的方法来陈化，这种方法就是在装过前一年葡萄酒的酒桶中留下一部分，再用新生产的葡萄酒来装满。这种陈化方法使最终产品的味道类似于西班牙和葡萄牙的那些加强葡萄酒，如波特酒（Porto）和雪利酒（Sherry），当时那些酒在英国贵族的精致会客室里广受欢迎。

伍德豪斯对这种葡萄酒非常着迷，他决定在船上装载50桶，并且预防性地加入一些阿夸维特酒（aquavit）以增加其酒精含量，以便在长时间的海上航行中保持其特色。这种西西里葡萄酒在英格兰取得了巨大的成功（直到今天，它也依然被储存在白金汉宫的酒窖里），伍德豪斯决定返回西西里岛，以工业规模开始生产和销售这种产品。

洋葱煎蛋饼

FRITTATA CON LE CIPOLLE

难度1

配料为4人份
制作时间：20分钟（10分钟准备+10分钟烹饪）

鸡蛋 8个
特多皮亚洋葱 300克
特级初榨橄榄油 25毫升
盐和胡椒 适量

做法

洋葱剥皮切成细片（可以使用任何类型的洋葱，但特罗皮亚洋葱特别甜，比起其他洋葱更容易消化）。

在一个碗里用叉子搅打鸡蛋，加一点点盐和胡椒。

在煎锅中加热特级初榨橄榄油，油变热以后，加入洋葱。当洋葱开始变成棕色时，加入打好的鸡蛋。调小火，当蛋饼开始成型时，将其翻转过来，可以借助与煎锅或煮锅相同直径的盘子，并烹调蛋饼的另一面。

"FRITTATA"（煎蛋饼）以及相关的习语

煎蛋饼（Frittata）是一种美味、营养、快速和便宜的菜肴，可以用任何类型的蔬菜或奶酪制成。精确地说，正因它如此受欢迎且被广泛普及，在意大利它有许多制作形式，这使得它可以影射很多东西。有趣的是，这些表达方式并没有传达出一种非常积极正面的印象。没有强调无可争议的美食品质，而是强调它是由不同成分组合在一起的事实。尤其是鸡蛋，一旦混合在一起就失去它们自己的身份。

驾驶俚语中的"frittata"意味着涉及几辆车的事故，而成语"fare una frittata"（做蛋饼）表明一件事情没有成功或者是一种灾难，无论是物质的还是比喻意义上的。"Ormai la frittata è fatta"（蛋饼已经做好）被用于事件或动作已经发生，带来了负面的结果，没有解决方案。"Non si può far la frittata senza rompere le uova"（不打烂鸡蛋，你就不能做蛋饼），意味着要达到某些目标，就要付出代价。制作这道非常简单的菜肴的最难部分的"Rivoltare la frittata"（翻蛋饼），这种表达方式用于表达一个人的技能，能够反转整个讨论，以证明他或她最后是正确的。

意大利炸什锦

FRITTO MISTO ALL'ITALIANA

难度2

配料为4人份
制作时间：2小时10分钟（2小时准备+10分钟烹饪）

甜品配料
杏仁饼 4个
苹果 1个
梅子 60克
粗麦粉 125克
柠檬皮 1个的量
糖 100克
面粉 600克
鸡蛋 5个
蛋黄 1个
面包屑 约300克
牛奶 1升

肉类配料
小牛肝 200克
小牛脑 250克
羊排 500克
猪里脊肉 200克
香肠 250克
蔬菜
西葫芦 200克
花椰菜 200克
栽培蘑菇 90克
菜蓟 400克
柠檬 1个
油炸用油和盐 适量

做法

制作甜粗麦粉：煮沸500毫升牛奶，加入100克的糖和一个柠檬的柠檬皮。将粗麦粉撒入牛奶中再煮2~3分钟。加入一个蛋黄，将其混合到粗麦粉中，然后将混合物倒入涂抹过油的烤盘上。待其冷却后切成菱形。

制作面糊，用500克的面粉，2个鸡蛋和500毫升的牛奶混合，让它饧约1小时。将勺子浸入面糊中检查密度，如有必要，用一点牛奶稀释。

将苹果切成圆环状。清理洗净栽培蘑菇，每个切成4份。清理洗净西葫芦，切成条状。清理菜蓟，去除外面的叶子和茎以及内部的"须刺"。将菜蓟切成几段，将其浸在滴有柠檬汁的水中，直至需要它们的时候。

将花椰菜切成小花块；洗净后在盐水中焯，直到可以用刀尖轻轻地刺穿它们。沥干水分，放凉。将小牛肝切片，除去所有的软骨。将猪里脊肉切成薄片，用嫩肉器轻轻敲打。修剪羊排上多余的油脂。将香肠切成几段。

在流动的冷水下清洗小牛脑15~20分钟，然后在盐水中煮10分钟至半熟。让其冷却，除掉脑膜并将其切成所需尺寸的薄片。

为粗麦粉块、梅子、栽培蘑菇、羊排和猪肉片裹上面包屑，首先浸在面粉中，然后浸在3个鸡蛋打出的蛋液中。最后，在面包屑中翻滚。

沥干苹果片、杏仁饼、花椰菜小花、西葫芦和菜蓟等食材中多余的水，然后将它们浸在面糊中。

在大量沸腾的油炸用油中分开炸每种原料，并在厨房用纸上滤油。将香肠、小牛肝和小牛脑裹上面粉倒入另一个煎锅中炒。一旦炒好，把所有的成分放在一起享用即可。

什锦炸鱼

FRITTURA DI PESCE

难度2

配料为4人份
制作时间：35分钟（30分钟准备+5分钟烹饪）

鱿鱼 450克
红鲻鱼 250克
对虾 200克
鳀鱼 100克
沙丁鱼 150克
粗麦面粉 100克
油炸用油 适量
盐 适量

做法

准备鱿鱼，洗净并切下触手。将鱿鱼的身体切成环状（如果鱿鱼很小，甚至可以整个保留下来）。

准备并将红鲻鱼切成片，去除鳀鱼和沙丁鱼的内脏，清理对虾，除去虾头。

在一个大煎锅里将油炸用油加热。分别将各种鱼在粗麦面粉中蘸过并煎炸，确保油不会过热。

用漏勺从油中捞出鱼，并在厨房用纸上沥干油。食用时撒上一点盐调味即可。

完美的炸货

油炸食物，无论是肉类、鱼类、蔬菜还是奶酪，都是几乎没有人可以抗拒的美味，因为油炸赋予了食物特别诱人的味道和外观。托斯卡纳有句谚语："fritta è buona anche una ciabatta"，意思是"一只拖鞋油炸后也可以很美味"。对于古罗马人来说，油炸的菜肴是庆典大餐和宴会的亮点，甚至在今天的意大利，这种美味也有几十种的区域变种。

但是，为了获得酥脆、金黄、健康的清淡食物，有必要遵守一些规则。首先，特级初榨橄榄油是油炸食物最好的油。其次，油应该只被使用一次。

最后，必须检查油温——一支厨房温度计，对深度油炸很有用，可在家用商店中找到——因为每种类型的食物需要各自特定的温度才能获得最佳的油炸效果。

当一起食用的食物要被分开煎炸的时候，如同这道菜的情况，有不同类型的鱼类，它们必须在大量的橄榄油中分开油炸，一次只能烹制少量，以便它们可以被均匀地烹调，而油温不会降得太低。油温太低会导致食物吸收过多的油，从而变得难以消化。

你应该用漏勺从油中捞取食物，然后将其放在厨房用纸上，小心避免把油炸的物品摞在彼此的上面。烹饪好了以后，一定要用盐调味。

牛肝菌盖烧金头海鲷

ORATA IN MANTO DI PORCINI

难度2

配料为4人份
制作时间：28分钟（20分钟准备+8分钟烹饪）

金头海鲷鱼片 4片，每片约130克
特级初榨橄榄油 50毫升
牛肝菌伞盖 300克
盐和胡椒 适量

做法

将清洗过的金头海鲷鱼片放在涂抹过油的烤盘中。将牛肝菌伞盖切成1毫米～2毫米厚的切片。金头海鲷鱼片用盐和胡椒调味，并用牛肝菌片盖住，使它们稍微重叠。

喷洒一点特级初榨橄榄油，并在180℃下烘烤7～8分钟。

金色大眼的鱼

意大利美食拥有许多引以为傲的金头海鲷的食谱：烤、炖、油炸。包在纸里烘烤，夹在面包、盐或土豆的硬壳里烤。

但这种鱼到底是什么样子的呢？金头海鲷（Sparus aurata）是一种在世界各地都很受欢迎的咸水鱼。意大利名字叫"*orata*"（oro表示黄金），来源于它两只眼睛之间特征性的金色条纹。这种鱼在地中海很普遍，在大西洋东部也很常见。它的栖息地靠近海岸线，距离5米～150米不等，单独或是组成小团体生活。这是一种可以适应广泛盐度的广盐性物种，甚至可以在潟湖和河口找到理想的栖息地，但是它们对低温特别敏感。其饮食主要由海藻、藤壶、贝类和软体动物组成。它们可以活到20岁，重达10千克，长达70厘米，但通常长度在20厘米～50厘米。

在水产养殖中，金头海鲷也被成功养殖；在意大利，它们被放置在陆地上的大水罐以及公海的笼子里养殖，尤其是在上亚得里亚地区，撒丁岛和托斯卡纳。在公海生长的鱼显然质量更好。捕捞的鲷鱼相比于养殖的鲷鱼更瘦，因为它们有更多的机会活动，也因为它们能获得的食物更少，它们也含有更多的必需脂肪酸。

剑鱼配香草大蒜酱

PESCE SPADA AL SALMORIGLIO

难度1

配料为4人份
制作时间：20分钟（15分钟准备+5分钟烹饪）

剑鱼片 600克
柠檬 2个
大蒜 1瓣
欧芹，切碎 1汤匙
牛至 1茶匙
特级初榨橄榄油 200毫升
水 50毫升
盐和胡椒 适量

做法

将剑鱼片切成4片。

制作香草大蒜酱：将特级初榨橄榄油、柠檬汁和热水放入碗中并一起搅拌。加入切碎并混合在一起的大蒜和欧芹，然后加入牛至，隔水蒸让酱乳化，其间一直搅拌5~6分钟。

将香草大蒜酱刷在鱼片上，然后在烤网或烤架上烹饪几分钟，在烹饪过程中，不时用酱汁润湿鱼片。用盐和胡椒调味。

再次用酱刷剑鱼片，然后享用即可。

自史前时代就被食用

剑鱼是一种典型的西西里菜，西西里岛人食用的香草大蒜酱同样也是。这种名字是西西里方言"sammurigghiu"的意大利语化的传统酱汁，通常用于搭配烤肉或烤鱼。这一传统食谱包括在一个碗里乳化热水、油和柠檬汁，但在埃奥利群岛（Aeolian Islands），是以柑橘类水果、红酒、欧芹和迷迭香制成的酱汁用于烤肉。

剑鱼是在墨西拿海峡（Straits of Messina）周围的地区被捕获，是西西里和卡拉布里亚美食的珍贵象征。在这些地区，这种珍贵的鱼被烤着吃，被熏制做成生鱼片或腌制。在这片小小的海洋中，对这种鱼类的捕捞似乎在史前时期就开始了。事实上，追溯到青铜器时代，村庄废墟中已经发现食物的残渣中有剑鱼的骨头。

剑鱼是剑旗鱼科（Xiphiidae family）的唯一成员。在所有海洋的热带、亚热带和温带地区，以及地中海、黑海、马尔马拉海（Sea of Marmara）和亚速海（Sea of Azov）都有发现。这种类鲨生物的显著特征是它的"剑"，一个延伸出来的上颚，由骨骼和软骨构成，具有尖锐的边缘。它被用作攻击和防御的武器。剑可以达到全身长度的1/3，剑鱼自身可以长达4.5米，重量超过400千克。

蜂蜜鸭胸肉

PETTO D'ANATRA AL MIELE

难度2

配料为4人份
制作时间：35分钟（20分钟准备+15分钟烹饪）

鸭胸肉 2块
洋葱 50克
大蒜 1瓣
蜂蜜 约60克
迷迭香、鼠尾草和月桂叶 适量
盐和胡椒 适量

做法

盐和胡椒给鸭胸肉调味后，在煎锅中快速翻炒，先烹饪有皮的一面，要提前用刀尖切开几道口。

将鸭胸肉放在烤盘中，然后加入整瓣去皮的大蒜、洋葱和香料。烘烤约10分钟，使鸭胸肉变软，内部呈粉红色。

将鸭胸肉放置几分钟，裹上锡箔，然后切片。

从烤盘中取出烤出的油脂，然后加入蜂蜜。

当您获得所需的厚度时，请用筛子过滤酱汁。

用蜂蜜酱浇盖在鸭胸肉上即可。

自伊特拉斯坎人时期（ETRUSCANS）到今日

狩猎鸭子是古代伊特拉斯坎人最喜欢的消遣之一。男人用弓和箭狩猎它们，而女人用网抓它们。有一座绘有图案的古老的伊特拉斯坎人的坟墓被称作"鸭子之墓"，这并非偶然。它位于维爱城（Veio），时间可追溯到公元前7世纪，上面画了一条简单的动物饰带，上面是一排排列整齐的鸭子，全部都是相同的形状，但羽毛不同。

鸟类在伊特拉斯坎文化中非常受欢迎，不仅因为它们是占兆官要解释的征兆，祭司们要从它们的飞行中得出预兆，还因为鸟类是宴会、游戏和舞蹈方面的具体日常存在。特别是鸭子，它是婚姻忠诚的象征：传统上，新郎要养只鸭子，这样他可以把它交给他的爱人作为爱的象征。然而，身负崇高的意义并没有使鸭子逃脱在餐桌上被食用的命运。

正是从那些时代起，由于其特别珍贵的肉类，野鸭和家鸭都激发了各式美味典型菜肴的创造。在过去，家庭养殖的鸭子，无论是那些更细腻，味道更加浓郁的春季鸭子，还是更肥硕，味道更浓烈的秋季鸭子，都只在小型家庭经营的农场里被小规模地养殖。但今天有了许多大型的养殖场，尤其是在威尼托、艾米利亚-罗马涅、皮埃蒙特和伦巴第。

番茄红酒香料炖鸡

POLLO ALLA CACCIATORA

难度2

配料为4人份
制作时间：1小时（30分钟准备+30分钟烹饪）

番茄 1千克
鸡 1只
特级初榨橄榄油 100毫升
白葡萄酒 约200毫升
洋葱 1个
胡萝卜 1根
芹菜 1根

大蒜 1瓣
月桂叶 1片
迷迭香 1枝
鼠尾草 1束
面粉 适量
肉汤 适量
盐和胡椒 适量

做法

洗净沥干鸡肉，然后按需要将其切成4~8块。用盐和胡椒调味，裹上面粉，在特级初榨橄榄油中快速翻炒。

在另一个煮锅中，将洋葱、胡萝卜和芹菜（预先洗净并切成细条），与迷迭香、月桂叶和鼠尾草（预先洗净、沥干并捆在一起）以及整瓣去皮大蒜加热至棕色。

加入炒好的鸡块，淋上白葡萄酒。

煮至白葡萄酒蒸发，然后加入去皮、去瓤并切碎的番茄。

继续烹饪，如有需要的话添加肉汤，以获得浓厚的酱汁，如果蒸发太多，可以再加入肉汤。

用大量的酱汁搭配鸡即可。

一道谦卑的菜肴

这算是第2典型的托斯卡纳菜，通常只出现在意大利北部，主要在罗马涅地区出现并受到青睐。可能是由于在食谱中有大蒜和迷迭香，因此获得了香料炖鸡这个名字，这两样材料给菜肴增添了特色。这些配料通常被猎人在他们的小屋里使用，因为他们想要即时烹饪猎物。这道菜品充满了乡村的美味。这是一道味道强烈但直截了当，简单又美味的菜肴，它是用任何一位乡村家庭主妇都能在家里找到的原料制成的：院子里自由放养的鸡，花园里的香料、洋葱和番茄，以及在地窖里的白酒。根据原来的配方，应该使用白葡萄酒，但是有一些版本使用红葡萄酒来增加鸡的白肉鲜美之外的额外味道。

番茄红酒香料酱还可以用于准备其他类型的肉，比如兔肉。

意大利水煮大琥珀鱼

RICCIOLA ALL'ACQUA PAZZA

难度1

配料为4人份
制作时间：35分钟（15分钟准备+20分钟烹饪）

大琥珀鱼片 600克
黄洋葱 150克
罗勒 5片
大蒜 2瓣
樱桃番茄 250克
特级初榨橄榄油 50毫升
欧芹，切碎（可选） 1茶匙

做法

清理黄洋葱并剁碎，两瓣大蒜去皮。将大琥珀鱼片切成4片。

在一个煮锅里倒入特级初榨橄榄油，放入黄洋葱使其软化，同时加入整瓣大蒜和洗净、沥干并大致切碎的罗勒。将樱桃番茄对半切开后加入锅中，再加半勺水，煮大约10分钟。

将大琥珀鱼切片调味，浸泡在酱汁中，即所谓的"acqua pazza"（狂水），并以中火再煮8～10分钟。依据喜好，搭配一点欧芹即可食用。

海上奔跑者

大琥珀鱼（Seriola dumerili）是鲹科中最大的鱼类，长度可达2米，重达40千克。它居住在地中海，以及太平洋和大西洋，更喜欢近海水域的深度，在那里它可以下潜到360米的深度，尽管它通常停留在20米～70米的深度。

它是一种修长、优雅、锥形、强壮和力大的鱼，正如你从一位不知疲倦的游泳者身上所期待的。大琥珀鱼是一个远洋物种，它最重要的特点是非常贪吃，这就是为什么它总是在移动。它很容易适应水族箱的生活，但养殖它的尝试迄今被证明是不成功的（尽管如此，西西里岛现在正在尝试养殖这种鱼）。这种鱼需要大量的蛋白质，所以养殖它不会有很大的利益。大琥珀鱼肉质很紧实。在意大利美食中，它有时被包裹在烘箱纸里烘烤、炖、烧烤或夹在面包、盐或土豆的硬壳中烤制，也可以搭配加入酱汁的面食。在西西里岛，有一道美妙的主菜是用大琥珀鱼与杏仁烹制而成的，在西西里方言中被称为"alicciòla che mennuli"。少量的杏仁和几瓣大蒜一起在研钵中被碾碎，一杯特级初榨橄榄油被一点一点加入，然后加入将面包浸泡在醋中再拧干得到的面包屑，再加入一点油以获得均匀的混合物。用这种杏仁酱来搭配热的油炸大琥珀鱼片。

罗马小牛肉火腿卷

SALTIMBOCCA ALLA ROMANA

难度1

配料为4人份
制作时间：20分钟（10分钟准备+10分钟烹饪）

小牛后腿肉切片 8片，每片60克~70克
帕尔马火腿 8片
面粉 50克
黄油 50克
干白葡萄酒 150毫升
鼠尾草 8片
盐和胡椒 适量

做法

仔细修剪小牛后腿肉切片，用肉槌轻轻敲打。

取一片帕尔马火腿和一片洗净、沥干的鼠尾草叶放在每片肉片的表面，并用取食扦固定（传统食谱的一种变体是卷起肉片）。

在没有火腿的那一面肉片上撒面粉。

在煎锅中熔化黄油，保持小火。当黄油起泡沫时，加入肉片，有火腿的那一面先放入。快速煎一下，用盐和胡椒调味，然后翻面，完成烹饪。

除去煎锅中的油脂，并用干白葡萄酒勾兑酱汁。继续煨炖，直到干白葡萄酒蒸发，如有必要，用几汤匙热水稀释酱汁。

立即食用即可。

索伦托的做法

罗马小牛肉火腿卷是一道典型的拉齐奥美食的主菜，是世界闻名的菜肴。仅仅是这道菜的名字也足以让你的胃口好起来。据传，这道菜可能有更多的北方起源，与伦巴第的布雷西亚（Brescia）城有关，但是佩莱格里诺·阿尔图西在他著名的《烹饪和健康饮食的艺术》（1891年）中提过，他曾在一家历史悠久的罗马酒馆里吃过这道美味菜肴。

在意大利，索伦托小牛肉火腿卷（saltimbocca alla sorrentina）或那不勒斯小牛肉火腿卷（saltimbocca alla napolitana）比罗马风格版本的内容更丰富，也更为人喜爱。在这道食谱中，小牛肉切片在煎锅中被快速地煎熟，用盐和胡椒调味，然后放在涂抹过油的烤盘中。小牛肉切片被马苏里拉奶酪和帕尔马火腿（或萨拉米香肠）切片覆盖住。然后再用以牛至和欧芹调过味的番茄酱浇盖，再撒上少量帕尔马干酪，用一点白葡萄酒泼溅，最后在烤箱中烤制几分钟。

填馅沙丁鱼卷

SARDE A BECCAFICO

难度2

配料为4人份
制作时间：1小时（40分钟准备+20分钟烹饪）

沙丁鱼 500克
面包屑 100克
盐渍鳀鱼 2条
松子 20克
葡萄干 20克
欧芹，切碎 1汤匙
特级初榨橄榄油 50毫升
月桂叶 适量
盐和胡椒 适量

做法

清理沙丁鱼，去除头部和内脏。去骨，但留着鱼尾部。洗净沥干。

将鳀鱼脱盐去骨，然后剁碎。

将葡萄干浸在温水中约15分钟，然后拧干水。

将3/4的特级初榨橄榄油倒入煎锅中，加热，倒入面包屑。快速翻炒直到面包屑开始变为褐色。置于一旁放凉，然后加入切碎的欧芹、松子、葡萄干和鳀鱼，用盐和胡椒调味，混合均匀。沿纵向切开沙丁鱼，像翻书一样打开鱼身，在每条沙丁鱼上放一点混合物，鱼皮朝外，然后从头部开始卷起，使尾部留在外面。用取食扦固定鱼卷。

涂抹过油的烤盘上放月桂叶，叶上放置卷好的沙丁鱼。以剩余的特级初榨橄榄油喷洒在表面，在180℃的烤箱中烘烤约20分钟。

填馅沙丁鱼

这是一道起源于西西里半岛的美味主菜；它的名字来自"林莺"（beccafichi），是一种对无花果非常贪婪的小鸟，通常在西西里岛的田野中出没，在夏季，它们在这里吃这种甜美的水果，就会变得相当的肥硕。

有些人说，这道菜取这个名字是因为填馅沙丁鱼看上去很像林莺这种鸟，而另一些人则认为这是一种原本贵重的菜肴——珍贵的林莺体内塞满沙丁鱼——的廉价版本。因此，无可置疑地，廉价版本仅仅使用了比林莺本身更为经济的馅料，用面包屑和橙子或柠檬汁填塞。随后，馅料的内容变得丰富，鳀鱼片、松子和葡萄干被加入，并以欧芹和月桂叶调味。在西西里岛上被发现的许许多多变体菜谱当中，卡塔尼亚（Catania）版本的填馅沙丁鱼就是一种，食谱里的面包屑被磨碎的绵羊干酪所取代，馅料则以大蒜和切碎的洋葱调味。

慢烤牛小腿

STINCO DI VITELLO AL FORNO

难度1

配料为4人份
制作时间：1小时20分钟（20分钟准备+1小时烹饪）

小牛牛小腿 1.2千克
猪油膏（烟肉脂肪）50克
迷迭香 10克
特级初榨橄榄油 适量
洋葱 80克
胡萝卜 60克
芹菜 40克

白葡萄酒 200毫升
番茄浆 100克
肉汤 适量
大蒜 适量
盐和胡椒 适量
玉米淀粉 适量

做法

将多余的脂肪从小牛牛小腿上修剪下来，在整条腿上深切出一些切口。用盐和胡椒调味。

混合捣碎的大蒜、迷迭香和猪油膏，并将混合物塞入肉上深切出的切口中。

在煮锅中加热特级初榨橄榄油，中火将牛小腿所有的面都煎为褐色，然后加入切丁的洋葱、芹菜和胡萝卜。

快速翻炒，然后以白葡萄酒泼溅，继续煮，直到酒全部蒸发。加入番茄浆。

在烤箱中以中火烹饪；如有必要，在烹饪过程中加入肉汤。

肉熟以后，煨炖酱汁，如有必要，加入溶解在一勺水中的玉米淀粉使其变得浓厚即可。

烤肉的品质

这种用慢速恒温烹饪的方法，可以使肉在外面形成酥脆的金壳，同时又保留了肉中的汁液从而保持其美味。由于烹饪时间长，烘烤的食物也很容易消化。

烘烤可以在烤箱里完成，又在烤肉叉上直接在炉火上烤，或者在煮锅里完成，但是它总是需要分两个阶段完成。初始阶段是油炸，在高温下进行，以形成表面的外壳。在第2阶段，温度降低，因此热量到达肉的中心。

传统上，烤肉包括牛肉、小牛肉、猪肉、鸡肉、火鸡和野味。瘦肉应该永远配上猪油膏、烟肉或者肥火腿片，以确保它能保持柔软，而白肉应该比红肉烹饪时间长一点，红肉保持略生一点为佳。也可以烤鱼，尤其是中等大小到体型大的鱼。它们应该被整条烘烤，这样鱼皮可以保护鱼肉不会因为热量而变得太干燥。就蔬菜而言，土豆、甜椒和茄子是烘烤烹饪的理想选择。

松露火鸡

TACCHINO TARTUFATO

难度2

配料为4人份
制作时间：1小时30分钟（45分钟准备+45分钟烹饪）

火鸡胸肉 600克
奶油 75毫升
蛋清 1个的量
黑松露 1个，约30克
迷迭香 适量
特级初榨橄榄油 25毫升
盐和胡椒 适量

做法

洗净、沥干火鸡胸肉。沿纵向切开火鸡胸肉，像翻书一样打开鸡身，击打鸡身，使肉质变嫩。

修剪鸡肉，用修剪下来的肉块（约150克）来准备馅料。将肉制成肉馅（使用食品加工机的"S"形刀片），加入蛋清、奶油、盐和胡椒，用勺子搅拌均匀。

彻底清洗黑松露，将其切成2毫米的丁，并与馅料混合。

火鸡胸肉用盐和胡椒调味，将馅料撒在上面，卷起鸡肉片。用厨房麻绳固定鸡肉卷。

在煮锅中加热特级初榨橄榄油，将卷起的火鸡卷放入锅中。中火煎烤火鸡卷的各个表面，然后调小火，加入先前洗净、沥干的迷迭香，然后再煮30分钟，不要盖住煮锅，如果需要，加入几汤匙水。

让火鸡卷放凉，然后再切片。与过筛的烹饪液和少量黑松露片一起食用即可。

从野生动物到珍贵的肉食

现在已经分布于意大利全境的普通火鸡（Meleagris gallopavo），连同其他"珍宝"一起，是由克里斯托弗·哥伦布在16世纪初从美洲大陆带到欧洲——或者更为精确地说——带到西班牙的。在北美洲和拉丁美洲，这种胆小的鸟类生活在原始森林中，早已经被阿兹特克人、玛雅人和其他墨西哥原住民饲养和驯养，它们被当作营养的重要来源，同时也因为它们全身美丽多彩的羽毛而被人们观赏。它们因其美味的类似于鸡肉味道的白肉而受到喜爱。火鸡肉的胆固醇和钠含量比较低，而且是铁和钾的良好来源。它们可以被整只烹饪，甚至是填塞馅料，是庆祝活动的理想选择。自16世纪以来，烤火鸡——可能塞满了栗子、牛肝菌、松露或牡蛎——被认为是皇室和贵族宴会中常见的珍贵食物。在这道食谱中，美味的火鸡肉被切成片与松露一起享用，这使得它成为一种清淡、美味、健康的食物。

佛罗伦萨牛肚

TRIPPA ALLA FIORENTINA

难度1

配料为4人份
制作时间：1小时15分钟（30分钟准备+45分钟烹饪）

牛肚 600克
去皮番茄 500克
特级初榨橄榄油 30毫升
洋葱 1个
胡萝卜 1根
芹菜 1根
磨碎的帕尔马干酪 60克
盐和胡椒 适量

做法

清洗牛肚并将其切成条状，然后放在煮锅中小火烹饪，无须添加任何其他成分，让牛肚释放出多余的水分。

在另一个煮锅里倒入特级初榨橄榄油，翻炒切成碎末的洋葱、胡萝卜和芹菜，然后加入牛肚。所有这些配料一起烹饪几分钟。

加入切碎的去皮番茄，用盐和胡椒调味，然后小火煮约40分钟。

在享用前撒上磨碎的帕尔马干酪和新鲜磨制的胡椒即可。

意大利菜中其他类型的牛肚

"牛肚"是一个内脏术语；它由反刍动物的4个胃组成：瘤胃（更准确地称为"肚"），网胃（也称为蜂窝胃），重瓣胃（也称为瓣胃或百叶）和皱胃（也被称为真胃或凝乳袋）。在许多意大利地区的传统食谱中，牛肚是重要的特色。而整个半岛发现的各种类型的牛肚以当地典型产品的加入为特点。布里安扎（Brianza）或米兰风味牛肚被称为"busecca"，制作的时候要加入猪油膏（烟肉脂肪）、西班牙白豆，然后撒上大量的格拉娜·帕达诺干酪（Grana Padano）。它类似于皮尔琴察地区的菜肴。皮埃蒙特的版本则增添了皱叶甘蓝，而帕尔马的变种则是没有豆类，并在菜肴表层撒上了大量的帕尔马干酪。

传统的罗马牛肚食谱有薄荷和少量的风轮菜（calamint）和绵羊干酪，用的自然是罗马绵羊干酪。在卡拉布里亚，牛肚菜肴要加入一点额外的红辣椒，而那不勒斯版本则以大蒜、欧芹和罗勒增加风味，当然还有那种厚厚的红番茄酱，在那不勒斯的食谱中是绝对不会缺席的。

仅仅在托斯卡纳，就有10种不同的牛肚食谱。例如，锡耶纳的食谱还包括猪肉香肠、大蒜、龙蒿和磨碎的托斯卡纳羊奶奶酪（Pecorino Toscano cheese），而蒙塔尔奇诺（Montalcino）的食谱则需要白葡萄酒、圣酒和藏红花。而比萨的食谱还包括猪肉末或小牛肉末，切碎的火腿或烟肉。

香煎三湖鱼

TRIS DI PESCE DI LAGO

难度1

配料为4人份
制作时间：28分钟（20分钟准备+8分钟烹饪）

溪鲑（brook trout）鱼片 200克　　　　　杏仁薄片 40克
白鲑（whitefish）鱼片 200克　　　　　　黄油 100克
河鲈（European perch）鱼片 200克　　　鸡蛋 2个
欧芹，切碎 1茶匙　　　　　　　　　　　盐和胡椒 适量
鼠尾草 1束

做法

如果需要，将鱼分成几片，以便每种鱼都有4片。

把黄油分成3份分别放入3个小煎锅。当黄油开始起泡沫时，您可以分别烹饪3种鱼片。

在碗中打鸡蛋，加入一小撮盐和切碎的欧芹。把已经撒上面粉的河鲈鱼片放入打好的鸡蛋里，然后在第1个煎锅里煎。

在第2个煎锅中，用已经洗净、沥干的鼠尾草给黄油调味，然后烹饪溪鲑鱼片，用盐和胡椒调味。

最后，在第3个煎锅里，烹饪白鲑鱼片，鱼片翻转以后再用盐调味，加入杏仁薄片，轻轻烘烤。再撒些杏仁薄片在鱼片上。

立即享用即可。

淡水鱼……是不喝水的

自人类文明的曙光开始，鱼一直是人类食物的重要来源。它们栖息在地球上的所有水域，无论是淡水、咸水还是淡咸水，定义根据每升水溶解的盐量而不同。一些鱼不能改变它们的栖息地，只有适应它，而有一些鱼，由于生殖或营养的原因，在一生中能够改变生存的水的类型。

淡水鱼的肉质自然地不同于海鱼。它有一种更细腻的口感且没有大海的气味。它比生活在盐水中的鱼类味道更清淡的事实并不是由于氯化钠的不同浓度造成的。事实上，根据渗透现象，当两种盐浓度不同的溶液被生物膜——如鱼皮——分隔开时，它们往往倾向于达到平衡：低浓度溶液朝向高浓度溶液移动。海鱼生活在比它们身体中存在的盐更多的液体中，所以必须喝很多水来补充流失的液体，而淡水鱼生活在比它们的身体盐分少的液体中，不需要喝水，因为水倾向于渗入皮肤以稀释其内部体液的盐浓度。

白豆摩德纳猪蹄肠

ZAMPONE MODENESE CON FAGIOLI

难度1

配料为4人份
制作时间：14小时20分钟（12小时浸泡+20分钟准备+2小时烹饪）

摩德纳猪蹄肠 1根
干白豆 500克
芹菜 100克
洋葱 200克
胡萝卜 150克
特级初榨橄榄油 35毫升
盐和胡椒 适量

做法

将干白豆在冷水中浸泡过夜。

第2天，在无盐水中煮豆子，直到它们变软并完全煮熟。

准备和清洗洋葱、胡萝卜和芹菜，然后切块。煎锅中倒特级初榨橄榄油，将切碎的蔬菜快速翻炒，加入沥干的豆子。加入盐和胡椒，继续烹饪。

在此期间，将摩德纳猪蹄肠在无盐水中煮约2小时。煮熟后，将其切成1厘米～2厘米厚的片，并与豆子一起享用即可。

守卫围城

来自艾米利亚-罗马涅的摩德纳猪蹄肠是用猪后蹄填塞上馅料制成，馅料包括猪肉（脸颊、头部、喉咙和肩膀）和猪皮，所有成分都要切碎，用盐和香料腌制。煮几个小时后，可以热食或冷食。

根据传统，这道最初通常是在意大利的圣诞节期间享用的菜品——连同扁豆、炖豆或土豆泥，或用配上黄油和帕尔马干酪的菠菜——诞生于16世纪初的密兰多拉（Mirandola），摩德纳附近的一个城市，目的是更好地保存猪肉。传说，在教宗朱利叶斯二世（Pope Julius II）的部队围困城市期间，所有的猪都被屠杀，以保证不会落入敌人的手中，那些被切碎，加上香料和塞进猪蹄的肉衍生了这道典型的菜品，注定在几个世纪以来获得成功。然而，在摩德纳附近的地区，猪蹄肠得到广泛传播普及，是随着18世纪末养猪业和肉类产业的发展而开始的。

蔬菜和豆类

蔬菜和豆类，餐盘上的植物园

没有其他菜式比意大利美食更珍视蔬菜和豆类了。这是一种真诚的热爱，其起源早已经遗失在时间的迷雾之中。毫无疑问要感谢以"美丽国度"自夸的从北到南的农作物珍贵遗产：来自特雷维索的红色菊苣，帕基诺（Pachino）的樱桃番茄，艾米利亚-罗马涅的绿色芦笋和青葱，贝鲁诺山谷（Vallata Bellunese）的拉蒙（Lamon）绿豆，马尔凯的西兰花和花椰菜，特莱维（Trevi）的黑芹，特罗佩阿的红洋葱，塞尼塞（Senise）的辣椒，或者阿布鲁佐的鹰嘴豆，都是无可比拟的。对这种绿色财富的欣赏在过去几年中被进一步加强，因为健康的、道德的和生态的考量，鼓励人们对素食更感兴趣，不包括肉或鱼类（而且，在某些情况下，甚至不包括牛奶、奶制品或鸡蛋）。

"美丽国度"的美食传统不仅在正餐的各种菜肴中使用蔬菜，而且还让它们在精致菜肴中担任主角，发挥其特点，或新鲜食用，或使用各种烹饪方法如蒸、炖、炒、焗、腌，单炸或者是配上大蒜和欧芹一起炸、烧烤……仅仅想想罗马对于菜蓟的各种烹饪方式吧：在滚油里浸泡两次的犹太做法；在一捆干木上烘烤的"玛提切拉"（Matticella）做法；用薄荷、大蒜、盐和胡椒填满，并在水和橄榄油中烹饪的罗马风格……

蔬菜可以是与主菜同时享用的配菜（contorno），但是基于追求清淡的饮食哲学背景，蔬菜也有它们自己可以构成一道主菜的权利。豆类，特别是当与谷物一起食用时，可以提供有非常高生物价值的蛋白质（可以与从动物来源食品中获得的蛋白质相匹敌），并且因此完全可以取代动物食品作为主菜。举例来说，一道以豆类为原料的"番茄炖菜"（All'Uccelletto），既可以是烤猪肉香肠的一道优质配菜——它们在托斯卡纳就是如此——也可以自己作为主菜，简单地配上一小片粗面包。

这些典型的意大利蔬菜食谱不仅是色彩、浓度和香味的盛宴，而且还有无穷的风味。有些食谱起源于作为其他主菜的配菜，例如罗马涅的美味酸甜青葱，传统上它们是与奶酪和盐腌肉或一盘热水煮肉的混合物一起享用。甚至是流苏葡萄风信子球茎（Lampascioni），带一点苦味、类似小洋葱的东西，阿普利亚典型的美食，也是用水煮后做成绿叶沙拉，作为各种肉菜的配菜。

其他蔬菜则不需要搭配任何主菜，因为它们含有丰富的蛋白质。这种例子包括令人食欲大振的烤千层茄子（melanzane alla parmigiana），与马苏里拉奶酪一起烹饪；烘烤蔬菜，普拉托（Prato）风格的芹菜或者填肉馅的曼图亚卷心菜叶包（Valigini Mantovani）；帕尔马芦笋，慷慨地撒满了帕尔马干酪来增加口味；或者韭葱果馅饼，浇上塔莱焦奶酪液食用。

帕尔马芦笋

ASPARAGI ALLA PARMIGIANA

难度1

配料为4人份
制作时间：25分钟（15分钟准备+10分钟烹饪）

芦笋 800克
黄油 60克
磨碎的帕尔马干酪 50克
盐 适量

做法

洗净芦笋。切掉硬端，将所有茎切成同一长度。

将它们绑成一小捆，并在盐水中煮沸，将笋尖指向上方以避免损坏。

将芦笋煮至能够持续坚挺（约10分钟）。

芦笋沥干并排列在菜盘上。芦笋尖撒上磨碎的帕尔马干酪。

同时，在煮锅中熔化黄油。当它呈现泡沫时，倒在芦笋上即可。

芦笋食谱

芦笋是意大利美食中非常受欢迎的食材。它不仅可以作为一种清淡美味的配菜出现，也可以作为各种菜品的组成部分。从前菜到主菜，芦笋用于各种面食和米、肉、鱼、奶酪和鸡蛋。带给人微妙而确定无疑的感触。

芦笋是春季蔬菜，一种开花的多年生植物，可能源于美索不达米亚（这个名称起源于波斯语"sperega"，意思是发芽）。在2000多年以前它就被埃及人和小亚细亚地区的人培育和使用。第一个在植物历史论文中记载了芦笋的人是公元前300年的希腊人提奥弗拉斯特（Theophrastus）。一个世纪之后，罗马的卡托（Cato）也记载了一些关于它的事情。而在公元前79年，他的同胞公民普林尼在他的《博物志》中也记载了芦笋，说明了如何培育它。芦笋确实非常受古罗马人欢迎，既因为它的烹饪品质使其成为真正的美味，也因为它的药用性能：它对肾脏具有的净化效果和对牙痛的镇痛效果。

今天，为了烹饪目的，各式各样的芦笋被培育出来。它们的外观、风味和栽培方式各有不同。例如，巴萨诺德格拉巴（Bassano del Grappa）享有地理原产地保护身份的白芦笋的白色，是因为它是在没有光照、天然光合作用被阻止的情况下培养出来的。阿尔本加（Albenga）历史悠久的紫芦笋则呈现一种明亮的紫色，尺寸相对较大。梅萨戈（Mezzago）的粉芦笋的颜色是因为它们在采摘前几个小时被暴露在阳光下，阿蒂多（Altedo）同样享有地理标志保护身份（Protected Geographic Indication）的珍贵绿芦笋，则是在波伦亚（Bologna）和费拉拉省被种植的。

茄丁烩青蔬

CAPONATA DI VERDURE

难度1

配料为4人份
制作时间：45分钟（30分钟准备+15分钟烹饪）

特级初榨橄榄油 100毫升
茄子 1个
西葫芦 100克
芹菜 50克
洋葱 50克
黑橄榄 25克
盐渍刺山柑花蕾 20克
松子 15克

阿月浑子（开心果） 15克
葡萄干 15克
番茄浆 100克
罗勒 1束
醋 5毫升
糖 10克
盐和胡椒 适量

做法

清理洗净沥干茄子后切丁。将切丁的茄子放在一个滤盆里，轻轻地撒上盐，放置直至茄子析出所有的苦汁。煎锅中盛2/3的油，油炸茄子。

清理洗净洋葱和芹菜后切细丁。然后在盛剩余特级初榨橄榄油的煎锅中快速翻炒，直至开始变棕色。加入清理洗净沥干切丁的西葫芦，快速翻炒。

加入葡萄干（如果太干，要在温水中浸泡15分钟并拧干水分）、脱盐的刺山柑花蕾、松子和黑橄榄。

加入番茄浆和油炸茄子。用盐和胡椒给混合物调味，再煮几分钟。加入醋和糖，最后加入少量阿月浑子（开心果）和已经被洗净沥干并用手撕碎的罗勒即可。

著名的布龙泰（BRONTE）阿月浑子

在《旧约》中提到过的，有着美食和治疗品质的阿月浑子似乎起源于叙利亚的皮斯塔克市（Psitacco）。阿拉伯人将开心果带来，并且在西西里岛传播开来，这一事实可以得到进一步确认的证据就是：用于称呼这种含有许多重要营养素的油性种子的西西里方言是"frastuca"，来自阿拉伯语的"frastuch"以及波斯语"fistich"。

19世纪下半叶，阿月浑子的种植在这座岛屿上达到了高潮，就在布龙泰地区埃特纳火山（Mount Etna）的脚下。今天，这种珍贵的地中海特色产物在意大利乃至世界各地都为人所知：布隆泰阿月浑子因其在糖果和冰淇淋中散发的香气而备受追捧，同时也为美味菜肴（如典型的西西里意式茄丁烩青蔬）增添味道。

犹太炸菜蓟

CARCIOFI ALLA GIUDEA

难度1

配料为4人份
制作时间：45分钟（20分钟准备+25分钟烹饪）

球形菜蓟 4个
柠檬 1个
特级初榨橄榄油 适量
盐和胡椒 适量

做法

剥除球形菜蓟坚硬的外部叶子，并切下茎，留约3厘米。

用一把非常锋利的刀子，沿着每个球形菜蓟的头部修剪，仅仅去除叶子的坚硬部分。将它们浸泡在滴有柠檬汁的水中，防止变黑。

同时，在煎锅中加热大量特级初榨橄榄油（球形菜蓟必须能够没入油中）。

排干球形菜蓟中多余的水分，将其沥干，使它们彼此撞击，然后在砧板上轻轻地将它们压平，在底部按压，使叶子展开。在叶子内撒一点盐和胡椒，使其不再紧密关闭。

此时，将球形菜蓟浸入特级初榨橄榄油中，油温不宜过高。可以用一块菜蓟茎检查油温；应为约130℃。炸菜蓟约20分钟，直到你可以轻松地在菜蓟中插入一把刀。沥干油。

享用时，将其放回沸腾的170℃~180℃的油中3~5分钟，使它们变脆。

在厨房用纸上擦干油，趁热享用即可。

赎罪日（YOM KIPPUR）之后的第一道食物

这种传统配菜在拉齐奥和罗马美食中特别典型。犹太炸菜蓟起源于罗马的犹太人居住区。这是在赎罪日禁食并密集祈祷24小时后进食的第一道菜。这道菜的简洁，充分展示了这种非凡的蔬菜的味道。

为了确保炸菜蓟的成功，必须使用球形菜蓟，典型的拉齐奥产品，被称为"carciofi romaneschi"或"cimaroli"。它们是圆形的，没有刺或者是内部芒刺，所以球形菜蓟是这道食谱的理想原料。

爆炒西洋油菜

CIME DI RAPA SALTATE

难度1

配料为4人份
制作时间：25分钟（15分钟准备+10分钟烹饪）

西洋油菜 1.5千克
特级初榨橄榄油 50毫升
大蒜 2片
辣椒 适量
盐 适量

做法

加热煎锅中的特级初榨橄榄油，加入细心切好片的大蒜和辣椒。不要让大蒜烹饪得过焦。

加入洗净的切成大块的西洋油菜。

放盐并以适中温度加热10分钟，经常搅拌即可。

100%意大利特产

西洋油菜起源于萝卜，但由于其形状和颜色不同，它还是一种单独的蔬菜。它是一种典型的意大利蔬菜，在20世纪初由意大利移民传播而在全世界闻名，现在在美国、加拿大和澳大利亚都有种植和食用。

在意大利，大多数生产地集中在阿普利亚、坎帕尼亚和拉齐奥，在这些地区，花蕾和嫩叶都被用于制作传统的当地食谱，如爆炒西洋油菜——一道起源于阿普利亚的菜肴。

在意大利南部的美食中，西洋油菜被煮熟之后食用；通常它只是简单地在沸水中煮过，然后配上特级初榨橄榄油和柠檬汁或经典的香醋。另一种方式就是，它可以和辣椒或蚕豆一起炖，以其独有的强烈风味和轻微的香味增强豆类的口味。西洋油菜也是传统的头盘的主要原料，包括著名的阿普利亚耳朵面（orecchiette pugliesi，典型的阿普利亚面食，形状像耳朵）或者是巴西利卡塔条纹面（strascinati lucani，典型的硬质小麦面食，形状是通过用拇指在工作台上压下面团片或用4根手指拖动面团片得到），都有加入西洋油菜。

这种蔬菜适合秋冬季食用，是蛋白质的最佳来源（产品中含有2.9%）；含铁、钙和磷等矿物盐；维生素A、维生素B_2和维生素C；以及抗氧化剂。此外，由于它的叶酸（folate）含量高，也建议孕妇食用。

酸甜洋葱

CIPOLLINE IN AGRODOLCE

难度1

配料为4人份
制作时间：55分钟（30分钟准备+25分钟烹饪）

珍珠洋葱 400克
特级初榨橄榄油 50毫升
糖 30克
香脂（balsamic）醋 80毫升
月桂叶 3片
盐 适量

做法

珍珠洋葱去皮，清理洗净，在沸腾的盐水中焯几秒钟，然后沥干。

煎锅中加热特级初榨橄榄油并加入珍珠洋葱。快速翻炒几分钟，然后加入糖。当糖开始变棕色时，泼入香脂醋，并加入已经洗净沥干的月桂叶。烹饪直到珍珠洋葱变软，汁水具有糖浆的稠度（如果需要，加入几汤匙水）即可。

酸甜洋葱装入罐子里，可以在冰箱内保存好几天。

布罗塔尼（BORETTANE）甜洋葱

酸甜洋葱是美味的开胃菜，可以与肉类或鱼类菜肴，或奶酪拼盘搭配。热食或冷食皆可。

最适合这种美味菜肴的洋葱是布罗塔尼洋葱，闻名全意大利，广受欢迎。它有一个小球茎，稻草色的外皮，圆形扁平的形状和非常甜的味道。它的名字来源于布列托（Boretto），雷焦艾米利亚省的一个村庄，大约在15世纪就已经开始种植了。今天它在帕尔马地区种植，主要用于泡菜工业生产。

在艾米利亚-罗马涅，布罗塔尼洋葱通常以甜酸酱调制，用黄油代替橄榄油，并配上油炸的意大利饺子、传统的菱形油炸面食、腌制的肉类如帕尔马火腿和博洛尼亚的意大利大香肠，一般作为主菜的大配菜，特别是煮肉。

洋葱（Allium cepa）有许多品种，在外观和烹饪方式上各有不同，由于它们的风味、烹饪的多功能性及其营养特性，而成为意大利非常常用的蔬菜。事实上，即使是古老的罗马人也欣赏洋葱的味道和品质。

番茄酱烩白豆

FAGIOLI ALL'UCCELLETTO

难度1

配料为4人份
制作时间：13小时40分钟（12小时浸泡+1小时20分钟准备+20分钟烹饪）

干的托斯卡内利豆或白腰豆 400克
熟番茄 400克
特级初榨橄榄油 50毫升
大蒜 2瓣
鼠尾草 1枝
盐和胡椒 适量

做法

将豆子在冷水中浸泡12小时。

第2天，以冷的无盐水煮沸豆子。

同时，沸水烫熟番茄，剥去番茄皮，除去瓤，切成小丁。

煎锅中放特级初榨橄榄油，快速翻炒剥掉外皮的整瓣大蒜，加入熟番茄并煮10分钟。

加入煮沸过的豆子，加盐和胡椒调味，再煮10分钟。

最后，按自己的口味加入洗净的鼠尾草，完整或是切碎均可。

小鸟去哪里了？（UCCELLETTO的意思是小鸟）

有着精致味道的白腰豆在所有意大利人的餐桌上都赢得了荣誉。它们非常优秀，甚至简单到只需洒上一丁点特级初榨橄榄油和大量的胡椒粉就很美味。要是烹饪好的"番茄酱烩白豆"，那就绝对是滋味无穷了。

这种食谱是典型的托斯卡纳菜肴，在佛罗伦萨特别受欢迎，使用当地豆类，如祖尔菲尼（zolfini）豆或托斯卡内利豆，其特征是完全没有外皮，质地非常均匀，有强烈的味道。

这是一道简单的菜，有微妙但同时又很强烈的味道。这是一种优秀的素食者菜肴，也可以作为配菜，与肉类一起食用。佛罗伦萨式美食的一道经典之作就是这种豆子和烤猪肉香肠一起食用。

关于这道菜肴的意大利名字，其字面上可以翻译成"以小鸟风格煮熟的豆子"，问题在于如何让小鸟进入这一画面之中，因为食谱中并没有小鸟的迹象。佩莱格里诺·阿尔图西在他著名的写于19世纪末的《烹饪和健康饮食的艺术》中也试图回答这个问题。据这位被认为是意大利烹饪之父的弗力市美食家所说，这一术语来源于这样一个事实：烹调这些豆类的某些香料也被用于烹调烧烤小鸟。

蚕豆猪脸肉

FAVE E GUANCIALE

难度1

配料为4人份
制作时间：35分钟（20分钟准备+15分钟烹饪）

新鲜或冷冻的蚕豆 1千克
猪脸肉 75克
特级初榨橄榄油 50毫升
红洋葱 50克
盐和胡椒粉 适量

做法

从豆荚中剥出新鲜或冷冻的蚕豆，在流水下清洗。蚕豆最好不要太大。

在一个煮锅中（最好由陶土制成），小火，以少量特级初榨橄榄油快速翻炒切块的猪脸肉。去除多余的油，并在同一个煮锅中以小火快速翻炒仔细切碎的红洋葱。此时，添加去除豆荚的蚕豆。

加入一小撮盐，撒一点胡椒粉，再加入半杯水。

小火煮约15分钟，直到蚕豆变软。

有着古代起源的豆子

有记录存在的第一种蚕豆（Vicia Faba）被发现是在8000年前，现在的以色列的位置。事实上，作为在发现美洲大陆之前被引进的豆类，它们在古代欧洲是一种相当普遍的食物。

这种豆科植物很可能起源于地中海地区，在古罗马非常受欢迎，既可以在汤里煮食，正如罗马作家普林尼推荐的那样，也可以像卡托建议的那样，配上一点醋。通常罗马和拉齐奥的美食有许多典型的菜肴包含有蚕豆，就像这道豆类配上猪肉的菜肴一样，这不是偶然的现象。

即使在罗马帝国衰落之后，蚕豆依然继续被世人享用，主要是较贫穷的人们食用，因为它们营养丰富、便宜而且用途广泛。即使在引入了来自新世界的不同类型的、立即取得巨大成功的豆类之后，蚕豆在意大利也并没有完全失去吸引力，而是在许多地区的美食文化中幸存下来，特别是意大利中部和南部。

油炸西葫芦花

FIORI DI ZUCCA FRITTI

难度2

配料为4人份
制作时间：25～26分钟（20分钟准备+5～6分钟烹饪）

西葫芦花 12朵
油炸用橄榄油 适量
盐 适量
裹面用的面粉 适量
面糊配料
冷水 200毫升
"00"型面粉 200克
鸡蛋 1个

做法

整理西葫芦花，去除雌蕊，注意不要破坏娇嫩的花朵。

在碗中快速将面糊配料（冷水、"00"型面粉、鸡蛋）搅拌成糊状。

在花朵上轻轻地撒上面粉，将它们埋在面糊中，并放入烧热的高温煎锅中用橄榄油炸，一次炸少许。

除去多余的橄榄油，将花朵放在厨房用纸上，撒上盐调味，然后将它们排列在一个上菜盘中。

趁热享用即可。

填馅西葫芦花

西葫芦花，或者更精确地说是西葫芦和南瓜类植物的花朵，丰富了调味饭及面食，还有以肉、鱼、蔬菜和奶酪为原料的主菜的口味。它们可以被单独食用，面糊可以有一些变化，例如使用鸡蛋或啤酒，因此油炸西葫芦花在口味上可以更软或更脆，更清淡或更坚硬。

经典的馅料是用马苏里拉奶酪和鳀鱼制成，味道浓厚的鳀鱼和马苏里拉奶酪的温和味道之间有一种明显的对比。另一种非常值得品尝的馅料是用乳清干酪、磨碎的帕尔马干酪和几片薄荷叶制成的。你可以让你的想象力任意驰骋，添加各种各样的成分：马苏里拉奶酪和切丁火腿、斯卡莫扎奶酪和黑牛肝菌……

利古里亚风格的填馅西葫芦花是在烤箱里烤熟的，不油炸，简单可口。馅料是用土豆泥、鸡蛋和一些磨碎的帕尔马干酪、切碎的薄荷、盐和胡椒制成的。

大蒜欧芹煎蘑菇

FUNGHI TRIFOLATI

难度1

配料为4人份
制作时间：25~26分钟（20分钟准备+5~6分钟烹饪）

牛肝菌 500克
特级初榨橄榄油 25毫升
大蒜 1瓣
欧芹，切碎 1汤匙
盐和胡椒 适量

做法

清理牛肝菌，彻底清洁，除去泥土，用湿布擦拭。

将牛肝菌切成约2毫米厚的切片。

在一个煎锅里加入一滴特级初榨橄榄油，加热，快速翻炒切碎的大蒜，小心不要烧焦（你甚至可以剥皮且保持大蒜完整，煮熟时再除去）。

加入切片的牛肝菌，并加入切碎的欧芹快速翻炒几分钟。用盐和胡椒粉调味即可。

来自塔罗镇（BORGO VAL DI TARO）的牛肝菌

罗马人称牛肝菌为suillus，拉丁语意为"外形像猪一样"，因为它们的外表相当不好看。事实上，它们看起来矮壮粗糙，但罗马人非常喜欢它们。牛肝菌在意大利美食中仍然被珍视，并被用于从开胃菜到甜品等许多不同的菜肴。

在塔罗镇、帕尔马的阿尔巴莱托（Albareto）和马萨-卡拉拉（Massa Carrara）的蓬特雷莫利（Pontremoli）等地周围的落叶和针叶林中，牛肝菌自然地生长着，在18世纪中期的文章中就记录了对它的采摘。去采摘蘑菇是每个家庭传统的一部分，父亲向孩子们展示了可以找到许多蘑菇的"秘密"地点。

在这个区域生长的属于牛肝菌属的4种蘑菇在20世纪90年代末被授予了地理标志保护身份：具有芳香的味道和强烈的气味的当地所称的"红蘑菇"（fungo rosso）或"火蘑菇"（fungo del caldo），具有特别细腻味道的"黑蘑菇"（moro），具有令人愉快的果仁气味的"亮蘑菇"（bronzino）和令人联想到榛子香甜口味的"冷蘑菇"（fungo del freddo）。

自19世纪末以来，牛肝菌在世界范围内一直很有名气，移民到美国和英国的山地居民使它们名声大噪。

橙子沙拉

INSALATA DI ARANCE

难度1

配料为4人份
制作时间：30分钟

塔罗科血橙 2个
柠檬 1个
菊苣 1个
特级初榨橄榄油 50毫升
盐和胡椒 适量

做法

去除塔罗科血橙皮和柠檬皮，去掉苦味的白色中果皮和筋，只剩下果肉。将其分成多个瓣块并保留果汁。

使用搅打器，用盐、胡椒和特级初榨橄榄油乳化橙汁和柠檬汁。

用新鲜制作的酱汁点缀水果，并在菊苣叶或挖空的橙子内食用。

大象最喜欢的水果

这种拥有美妙口味的橙子沙拉是典型的西西里美食，是圣诞节日大餐的理想选择，冬季时节可以用塔罗科血橙（这是一种珍贵的品种，其特征是红色条纹的果肉，通常没有籽）。它是一道很好的前菜，并为整个菜单增添了一丝原味的优雅。因为稍带苦味，它也是一道完美的配菜，特别是在搭配很肥腻的肉，比如烤猪排骨或是煎香肠时。

生长在中国和东南亚本土的这种甜橙（与苦涩的品种相反）是橙树（柑橘）的果实，这是一种常绿植物，可以长到12米高，有着长长的肉质叶子和白色花朵。这种橙子的名字来自波斯语narang，从梵语nagaranja衍生而来，意思是"大象最喜爱的水果"。它于14世纪进入欧洲，由葡萄牙探险家引入，尽管早在1世纪就有古代文献提到过它：被称为melarancia（苹果橙），并在西西里岛种植。也许橙子在古代就通过丝绸之路到达地中海，并在意大利温暖的岛屿上找到了有利于种植的气候。然而，由于某种原因，其生产在一段时间后停止。是葡萄牙人将它重新带回了中世纪的欧洲。即使在今天，在许多意大利地区的方言中，橙子仍然被称为"葡萄牙橙"（portogallo）。

面包沙拉

PANZANELLA

难度1

配料为4人份
制作时间：15分钟

托斯卡纳陈面包 1千克
鳀鱼片 30克
番茄 200克
黄瓜（无籽） 120克
红洋葱 150克
胡椒 250克
大蒜，切碎 1瓣
脱盐刺山柑花蕾 1汤匙
罗勒 1束
红酒醋 15毫升
特级初榨橄榄油（托斯卡纳产为佳）80毫升
盐 适量
黑胡椒 适量

做法

将托斯卡纳陈面包切成约2厘米的丁，不需要除去变硬的外壳。

切碎大蒜、鳀鱼片和刺山柑花蕾，将混合物放在一个大碗中。加入盐、胡椒、红酒醋和特级初榨橄榄油，搅拌均匀。加入托斯卡纳面包和所有切好丁的蔬菜，混合均匀，以盐和黑胡椒调味。用手撕碎罗勒（如果叶子很细小，甚至可以保留完整的叶子），撒在面包沙拉上即可。

如果提前一天准备，并且放置在冰箱中增加风味，面包沙拉会更加美味。

从田野到餐桌

传统上这是一种用很低廉的配料制成的"农民"菜肴，但它的颜色、香味和风味使其真正贵族化。它的名称panzanella可能源于这样一个事实，即农民过去常常将浸泡过的陈面包和花园中的蔬菜放在一种名为"zanella"的沙拉碗中混合。它也被称为pammolle或panmolle，是典型的托斯卡纳和其他意大利中部地区马尔凯、拉齐奥和翁布里亚的美食。它曾经是为那些劳动者在炎热的夏季准备的，当他们在田间工作时会带着这道菜，这样他们可以享用一些新鲜可口的食物。现在它既作为一道简单又美味的配菜，又可以减少分量，作为一道前菜。

尽管纯粹主义者们并不希望如此，就像在经典菜品身上经常发生的那样，面包沙拉与其他经典菜品一样，多年来有了许多的变化，增加了额外的配料。有更多的富含营养的添加物，比如煮熟的硬鸡蛋马苏里拉奶酪、花腰豆或是金枪鱼，以及含有其他类型的蔬菜（芹菜、莴苣或胡萝卜）的版本。

帕尔马烤茄子

PARMIGIANA DI MELANZANE

难度1

配料为4人份
制作时间：1小时20分钟（1小时准备+20分钟烹饪）

茄子 600克
面粉 50克
番茄酱 300克
鸡蛋 2个
马苏里拉奶酪 150克
磨碎的帕尔马干酪 100克
油炸用橄榄油 适量
罗勒 适量
盐 适量

做法

清理洗净茄子，然后将其切成细长条（每片3毫米）。将马苏里拉奶酪切成薄片。

将茄子首先埋在面粉中，然后再浸入搅打过的鸡蛋蛋液中。放入大量沸腾橄榄油中炸。然后把它们放在厨房用纸上，加盐。

舀一勺番茄酱放入烤盘的底部，铺上薄薄的一层，放一层油炸茄子，然后一层马苏里拉奶酪。盖上一层番茄酱，放一点被洗净沥干并粗略手工撕碎的罗勒调味。撒上少量磨碎的帕尔马干酪，重复这个过程，从另一层油炸茄子开始，并以相同的顺序进行。继续铺直到你使用完所有的配料，最后铺上一层茄子。

用番茄酱覆盖顶层茄子，撒上磨碎的帕尔马干酪，180℃～190℃烤箱中烘烤，直到顶层形成金黄色的壳。

等待至少一个小时，即可食用。

烤茄子还是……百叶窗

与人们可能认为的相反，帕尔马烤茄子，这道世界上最著名的意大利菜之一，其得名不是因为在配料中使用帕尔马干酪，而是因为它是根据帕尔马的传统来制作的。似乎这个名字来自parmiciana，意为重叠的木条，像这道菜里的茄片，以形成百叶窗形状。

尽管坎帕尼亚和西西里都声称是它的起源地，但是，最适合这道美味配菜的茄子是被种植在西西里岛的：体大、椭圆、紫色、有光泽。由于奶酪的蛋白质含量高，这道菜也可以作为主菜。

炒甜椒

PEPERONATA

难度1

配料为4人份
制作时间：45分钟（15分钟准备+30分钟烹饪）

甜椒（黄色、红色和绿色混合为佳）500克
洋葱 100克
刺山柑花蕾 10克
盐渍鳀鱼 2条
大蒜 1瓣
特级初榨橄榄油 50毫升
盐和胡椒 适量

做法

洋葱切条，放在一个煮锅里，放入特级初榨橄榄油，快速翻炒，再加上大蒜瓣、刺山柑花蕾和鳀鱼片，鳀鱼片要预先脱盐。

洗净甜椒，修剪，除去籽，切成大块，倒入煮锅并加入洋葱和其他成分。用盐和胡椒调味，烹饪约20分钟即可。

西西里炒甜椒

炒甜椒是一种色彩鲜艳的菜肴，味道浓郁，冷热都可以享用。它是完美的，既可以作为配菜，也可作为前菜。它也是意大利面的美味酱料。制作简单，并且保证在餐桌上获得成功。

西西里岛是自豪地拥有甜椒食谱数量最多的地区。在西西里岛，甜椒被称为 "caponata di verdure"。 "caponata" 这个名称似乎源自 "capone"，是西西里方言的海豚或是剑鱼的意思。这种鱼的肉特别珍贵，过去，只在贵族的餐桌上出现，配上类似于炒甜椒的酱料。普通民众买不起这么贵的鱼，只能用蔬菜取代。

根据所使用的配料，西西里炒甜椒有几种变化，但配有辣椒和茄子的食谱是最常见的，尤其是在圣诞节庆祝活动的餐桌上。墨西拿的食谱包括整个的番茄，通常是樱桃番茄，而不是番茄酱，这样不同蔬菜的味道会脱颖而出，不被番茄酱的味道所覆盖。在卡塔尼亚的食谱中，还有土豆、白橄榄和松子。在阿格里真托（Agrigento）的炒甜椒食谱中，由于加入了蜂蜜、糖、醋和辣椒，酱汁是酸甜和辛辣的。在阿格里真托省的一个地区，当季的桃子和梨被加了进来，使这道菜肴变得更甜美。

鳀鱼酱炒罗马菊苣

PUNTARELLE SALTATE CON SALSA DI ALICI

难度1

配料为4人份
制作时间：25分钟（15分钟准备+10分钟烹饪）

菊苣嫩叶 600克
特级初榨橄榄油 50毫升
盐渍鳀鱼 2条
大蒜 2瓣
辣椒 适量
盐 适量

做法

鳀鱼脱盐去骨。

煎锅中倒入特级初榨橄榄油，加热切薄片的大蒜、鳀鱼和辣椒。煮混合物，直到鳀鱼变成碎片，但不要让大蒜颜色变得太深。

加入切碎的菊苣嫩叶。

加盐，中火煮10分钟，经常搅拌即可。

典型的罗马风味配菜

鳀鱼酱炒罗马菊苣是一种简单而美味的配菜，是罗马美食的典型。根据传统，这道菜是由加埃塔（Gaeta）的菊苣嫩叶（称为puntarelle）制成的，所以这种食谱在拉齐奥和坎帕尼亚特别常见，这种植物在这些地区很容易找到。

看起来，一种含有油、醋和鳀鱼酱的新鲜菊苣嫩叶沙拉早在古代罗马人的时代就已经被食用了。那个时代的记录说，人们非常青睐菊苣的嫩叶。它吃起来脆脆的，有令人愉快的、轻微的苦味。生吃的最好方法是把它分成薄片，将其浸泡在冰冷的水中，让它们卷曲起来，这样还可以部分地缓解轻微的苦味。

"苦苣"（Catalogna frastagliata）和菊苣一样属于同科，有时被称为"菊苣芦笋"（cicoria asparago），因为它非常的直。这种植物有两个品种：一种是长长的绿色锯齿状叶子，相当苦，更适合煮制；另一种被称为"绿叶结球苦苣"（有一个尖尖的头），更短，有更宽和更白的茎，嫩芽以茎为中心聚集，就是通常被食用的部分。

苦苣富含磷、钙和维生素A，有刺激消化和利尿的功能。欧洲医学中很有影响力的人物，来自佩尔加莫（Pergamo）的著名医生和哲学家加莱诺（Galeno，129—216年）因其药用价值而建议食用它。

特雷维索紫叶菊苣

RADICCHIO ALLA TREVIGIANA

难度1

配料为4人份
制作时间：25分钟（15分钟准备+10分钟烹饪）

特雷维索紫叶菊苣 600克
特级初榨橄榄油 30毫升
鼠尾草和迷迭香 适量
盐和胡椒 适量

做法

清理特雷维索紫叶菊苣，除去外面的叶子，并把它切成4段。

洗净紫叶菊苣，用盐和胡椒调味，撒上之前洗净沥干切碎的鼠尾草和迷迭香。

在一个煮锅内倒入特级初榨橄榄油并加热，倒入紫叶菊苣。快速炒透，并用盖子盖住煮约10分钟。另一个选择是在180℃烤箱中烘烤10分钟即可。

来自特雷维索的两种类型的紫叶菊苣

在威尼托大区的特雷维索省，有两种类型的紫叶菊苣，质量很好，非常广泛地使用在烹饪中，用于许多前菜和甜品。

所谓的"幼年"紫叶菊苣有一个大大的细长头，以及紧密的叶子和一个小根蒂。它的叶子松脆，微苦，适合许多用途，包括生食和熟食。一旦夏天的酷热结束，紫叶菊苣的绿色叶子就会被仔细地捆扎在一起放在田里，这样植物的心被留在"黑暗中"，将会从9月起长出新的明亮的红色叶子。

所谓的"成年"紫叶菊苣，这是所有威尼托紫叶菊苣中无可争议的冠军，紧密规则的叶子紧紧包裹着一个头，倾向于在顶部闭合，有很长的根蒂。叶子是深红葡萄酒的颜色，有稍明显的次脉纹，而白色的背肋有一种令人愉快的苦味，非常松脆。这种珍贵的紫叶菊苣在11月收获，那个时候的田地将至少被霜冻两次。在这一时间点上，春天的水和种植者的技能使它在几个星期内蓬勃发展，长出它那美丽的外观、可口的脆度和特殊的味道……散发出精致美食的光芒。

塔莱焦奶酪浇韭葱馅饼

SFORMATO DI PORRI CON FONDUTA AL TALEGGIO

难度2

配料为4人份
制作时间：50分钟（30分钟准备+20分钟烹饪）

馅饼配料
韭葱 350克
黄油 40克
磨碎的帕尔马干酪 50克
液体奶油 250毫升
面粉 10克
鸡蛋 2个

盐和胡椒 适量
油炸用油 适量
奶酪液配料
塔莱焦奶酪 250克
牛奶 150毫升
盐 适量

做法

取下塔莱焦奶酪的外壳硬皮，并将剩余部分切丁。

将牛奶倒入小锅里，煮沸并加入塔莱焦奶酪。搅拌均匀，直到奶酪融化，得到光滑均匀的奶酪液。如有必要，加入更多的牛奶稀释并加盐调味。

清洗韭葱，将白色部分切成薄条，彻底洗净沥干（绿色的叶子可以煮熟后做装饰用）。

将黄油在煮锅中熔化，加入韭葱，保留50克做装饰用，并以小火烹饪，直到它们变软。撒上面粉，搅拌均匀并加入液体奶油。用盐和胡椒调味。

煮沸后从火上取下。

让混合物冷却，然后加入鸡蛋黄和磨碎的帕尔马干酪。

搅打蛋清，直到变硬，仔细地拌入韭葱混合物，从底部到顶部搅拌。

倒入抹油后的模具，放入隔水蒸锅中以中火150℃~160℃蒸约20分钟。

制作饼皮时，用大量沸腾热油煎炸其余的韭葱。食用时以韭葱装饰即可。

有历史的奶酪

在20世纪初，以塔莱焦奶酪这个名字为人所知的产品，就在上贝加莫（Upper Bergamo）地区的一个山谷出产。这种奶酪在伦巴第的阿尔卑斯山脉地区，甚至是平原地区生产，在诺瓦拉省（Novara）和特雷维索省也有它的旁系。

塔莱焦奶酪有很长的历史。早在10—11世纪，它被称为"stracchino"，这个术语在伦巴第长时间表示所有的方形软奶酪。塔莱焦奶酪现在享有地理原产地保护身份。非常有可能的是，山谷的居民一开始制作它，并让它在洞穴里成熟或在山谷里制成奶制品的原因，是他们需要保存多余的牛奶。

脆皮焗蔬菜

VERDURE GRATINATE

难度1

配料为4人份
制作时间：50分钟（30分钟准备+20分钟烹饪）

蔬菜配料	牛奶 0.5升
花椰菜 150克	磨碎的帕尔马干酪 50克
韭葱 150克	盐 适量
球芽甘蓝 150克	肉豆蔻 适量
贝夏美调味白汁配料	
黄油 60克	
面粉 40克	

做法

洗净花椰菜、韭葱和球芽甘蓝，将花椰菜切成小花，除去韭葱的根部和绿色部分，以及球芽甘蓝损坏的外层叶子。

在盐水中将蔬菜分开煮沸，直到可以用刀轻易刺穿。沥干，放凉。

同时准备贝夏美调味白汁，将45克的黄油在小煮锅中熔化，与面粉混合。小火煮1～2分钟，直到混合物变黄。煮沸牛奶后倒入黄油和面粉的混合物，再次煮沸，保持沸腾1分钟。

加盐、一点点肉豆蔻调味。

用剩余的黄油润滑几个独立的烤盘（或一个烤盘），将蔬菜放在里面，然后在上面倒上贝夏美调味白汁。用磨碎的帕尔马干酪和一点点熔化的黄油盖住。

180℃烤箱中烹饪蔬菜20分钟，或到顶部形成金色外壳即可。

花椰菜的营养

花椰菜（Caulis floris）富含营养，无论是加调味料生食、切片放在以油和柠檬做酱的绿叶沙拉中、在汤中煮熟、和面食一起食用、放在派里或是在烤箱中焗，都是很好的选择。它富含维生素C、维生素E、维生素B$_6$和叶酸，以及矿物质钾和铜，除此之外，还具有宝贵的抗癌作用。

花椰菜属于十字花科（Crucifers），有一个坚实紧密的头部，由数量众多的小花朵组成，从一个小的中央茎上向外生长。根据品种，其颜色从白色到绿色变化不等。花椰菜来自小亚细亚（Asia Minor）地区，考古证据表明，它在2500年前已经为人所知了。埃及人在公元前400年左右就种植它了。但它是如何到达意大利的尚不可得知。有些人认为威尼斯商人在塞浦路斯买下它，并开始在威尼托种植和传播。其他人认为它是从托斯卡纳开始被引进意大利全国：一幅18世纪的绘画展示了科西三世（Cosimo III）收到阿雷佐（Arezzo）的一个下属的礼物，不是别的，而正是一棵大花椰菜。

烤酿蔬菜

VERDURE RIPIENE AL FORNO

难度2

配料为4人份
制作时间：1小时（30分钟准备+30分钟烹饪）

牛肉末 100克
磨碎的帕尔马干酪 50克
鸡蛋 2个
西葫芦 2根
甜椒 2个（小的）
番茄 4个
特级初榨橄榄油 50毫升
盐、胡椒和肉豆蔻 适量

做法

清理洗净西葫芦，上锅蒸约8分钟，然后沿长度切开，用汤匙或是挖球器刮去瓜瓤。把西葫芦瓜瓤先放在一边。

洗净沥干番茄，顶部切开并掏出瓤。将番茄瓤放在一边。准备好甜椒，洗干净，然后切成两半。

在煎锅中加热3/4的特级初榨橄榄油，加入牛肉末然后快速翻炒，切碎西葫芦瓤和番茄瓤放入锅中。煮几分钟以蒸发多余的液体，然后用盐和胡椒调味。

将混合物转移到一个碗中，放冷。然后加入鸡蛋和磨碎的帕尔马干酪。以盐和胡椒再次调味，再加入一点点肉豆蔻。

使用勺子或是挤花袋将混合物填入蔬菜壳，然后将其放在涂过油的烤盘上，撒上其余的帕尔马干酪和一滴特级初榨橄榄油。

在180℃的烘箱中烘烤约30分钟即可。冷热皆可享用。

"迷幻剂"

在意大利美食中，肉豆蔻是肉豆蔻树的种子，一种原产于印度尼西亚的常绿树木，目前在不同的热带地区广泛使用，是一种非常受欢迎的香料。不仅可以使用在甜品、奶冻和蛋糊中，还可以使用在贝夏美调味白汁、小方饺的肉加奶酪馅、意式饺子和烤碎肉卷，以及煮蔬菜泥或是烤蔬菜中。肉豆蔻的香气温暖辛辣，浓郁且充满异国情调，给菜肴一种特殊的强烈的味道。然而，这种香料应该适度地使用，因为如果食用超过10克的高剂量，可能会引起意识状态的改变而出现幻觉。

腌西葫芦

ZUCCHINE IN CARPIONE

难度1

配料为4人份
制作时间：3小时30分钟（25分钟准备+5分钟烹饪+3小时腌制）

西葫芦 600克
鸡蛋 4个
大蒜 1瓣
洋葱 150克
胡萝卜 100克
芹菜 100克
鼠尾草 1束
特级初榨橄榄油 150毫升

红酒醋 300毫升
白葡萄酒 300毫升
水 300毫升
面粉 适量
盐 适量

做法

清理洗净洋葱、胡萝卜和芹菜，洋葱切成细小碎片，胡萝卜和芹菜切成小细条。

将30毫升特级初榨橄榄油倒入煎锅中，快速翻炒蔬菜，加入预先洗净沥干去皮的整瓣蒜和鼠尾草。

用白葡萄酒和红酒醋泼在锅中并煮沸。加水，用盐调味。再煮几分钟。

同时，在碗里搅打鸡蛋并加入一小撮盐。清理洗净西葫芦，将其切成约5毫米厚的圆片。在上面撒一些面粉，然后浸在打好的蛋液中，锅中倒入其余的特级初榨橄榄油炸。

西葫芦滤油后，放置在厨房用纸上沥干。将西葫芦放在烤盘中，用煮沸的酱汁浇盖。

让菜肴腌制至少3个小时即可。腌制时间越久味道越好，甚至可以过夜。

一个想要添加风味并保存的创意

作为一种用于腌制鱼、肉和蔬菜的方法，"Carpione"是一种典型的意大利食物制作方法，它的名字十之八九要归于以往的一个事实：大鲤鱼（large carp），一种珍贵的淡水鱼，先是被油炸，然后趁着还热的时候，用浸泡了草药的醋腌制。

在这种制作方法中，洋葱赋予了腌料一种它特有的味道。"Carpione"是一种皮埃蒙特调味和保存食物的方法，类似于威尼斯人的酸酱腌制（saor）和那不勒斯人的用阿皮基乌斯酱腌制（scapece）。

在所有的蔬菜中，西葫芦是最常用于"carpione"的，但其他蔬菜，如茄子和花椰菜也可以使用这种方法；如果首先用面包屑包裹，效果会更好。以这种方式准备的最常见的肉是米兰炸肉排（cotoletta alla milanese），裹上面包屑油炸的肉排。诸如鳟鱼、鲤鱼或丁鲷等淡水鱼以及沙丁鱼等海鱼，以及所有的油性鱼，都可以用这种方法制作。

甜品

甜品：伟大的结尾

　　成串的花结酥皮裹在一层厚厚的，散发着香甜气息的巧克力酱中。小小的精美糕点被糖和香草香精所围绕。杏仁糖被甜蜜芬芳的花蜜包裹。带着糖霜的蛋糕，装饰得像精美的蕾丝花边。精美的酥皮点心里面填满了水果。以彩色糖衣杏仁装饰的冰淇淋圣代。如果没有甜品，烹饪会失去它的创造力。尤其是意大利美食，将失去它传统的主要部分。

　　实际上，意大利的所有地区都自夸拥有经典甜品的丰富传统，从极简单的家常自制甜品到需要大量时间和技巧的更为精美的甜品：小糕点、勺子甜品、炸甜品、蛋糕、圆形蛋糕、果馅饼、冰淇淋、冰糕、冰激凌蛋糕和新鲜水果甜品。

　　一些甜品的食谱原本只是区域之美食旗舰，但是它们名气太大，传播如此广泛，以至也被认为是全国性的精品之作：果馅卷饼代表了上阿迪杰甜品的顶峰水平；卡萨塔蛋糕和奶油甜馅煎饼卷是西西里甜品传统艺术的真正杰作；复活节馅饼和朗姆酒海绵蛋糕是那不勒斯的绝妙象征；香草布丁是瓦莱达奥斯塔最著名的牛奶冻；杏仁蛋糕是曼托瓦的骄傲，杏仁长饼是普拉托的荣耀；巧克力牛轧糖是拉奎拉的典型食物；朗姆酒制成的蛋蜜酒是皮埃蒙特的招牌；糖霜甜甜圈是阿普利亚甜品的符号……更不要说圣诞季节的传统甜品了，例如米兰人的托尼甜面包和维罗纳典型的潘多洛蛋糕，在12月24日的圣诞夜和1月6日的主显节期间会出现在所有意大利人的餐桌上。

　　一些已经被我们遗忘的甜品与它们非常相似，只有很小的差异。只要想想斜切短通心粉，有时候以巧克力覆盖的用面粉和杏仁、葡萄浆仿香醋和香料做出的甜品，它们在意大利中部和南部的不同地区以不同的方式制作，还有栗子蛋糕，是以托斯卡纳、利古里亚、皮埃蒙特、艾米利亚和伦巴第的栗子面制造，彼此之间只有细微的变化。即使是甜油酥糕点，无论是油炸或是以糖撒于表面烘焙的，其传统制作过程在狂欢节期间的意大利不同地区也有不同的版本，使用的名称更是各有不同：油炸甜脆饼、油炸甜面片、油炸涂片面包、油炸软糕……

　　其他一些甜品已经被官方淘汰了好几个世纪，但是仍然在意大利的某些特定的地区存在。例如，来自翁布利亚的贝托那的酒浸方糖，以葡萄干、松仁、茴芹籽和糖制香橼制成的环形甜品；卡拉布里亚的莫曼诺的博科尼饼，以果酱或糕饼奶油填充内部的小油酥饼；或者撒丁岛的塞达斯——又大又圆的油炸小方饺，里面充满了奶酪，外表覆盖着蜂蜜。意大利甜品的许多成功之作起源于感恩食品，它们以一种集体或个人的宗教仪式的符号而诞生，与宗教活动密切相连。曾经是只限于宗教宴会或私人场合，但现在它们已经逐渐以甜品的形式出现并在家庭中被制作（例如，在佩斯卡拉为庆祝圣诞节创造出来的巧克力杏仁甜品，现在任何时候都可以享用）。整体来说，甜品在意大利美食中变得越来越重要。它不是最基本的，但确实令人愉悦，这可能归功于它充满情感的、感性的和近乎治疗性的质量，而并不只是因为它那诱人的美好。一道甜品不仅可以抚慰你的口腹，还可以温暖心灵，安抚灵魂。

皮埃蒙特帽子糕

BONET

难度2

配料为4人份
制作时间：3小时5分钟（20分钟准备+45分钟烹饪+2小时冷冻）

牛奶 1杯（250毫升）
鸡蛋 2个
糖 75克
可可粉（未加糖的） 18克
朗姆酒 5克
杏仁饼（amaretti）碎屑 50克
熬焦糖用糖 适量
装饰用意式杏仁饼碎屑 50克

做法

牛奶放入锅中煮沸。在碗里加糖并打入鸡蛋，后加入可可粉、杏仁饼碎屑和朗姆酒。

加入煮沸的牛奶，混合后倒入单一长方形模具（或4个单独的模具），你需要预先在模具中灌注焦糖。焦糖的制作方法如下：煮锅内放两汤匙水和少许糖。加热，直至混合物变成琥珀色，然后倒入独立模具，务必小心，因为液体是滚烫的。让它冷却约10分钟，然后倒入帽子糕混合物。

150℃～160℃烤箱中烘烤约45分钟。在冰箱中冷却几小时，然后从模具中取出。食用前以意式杏仁饼碎屑装饰即可。

名为帽子的甜品

这种奶冻型勺子甜品在13世纪的宫廷宴会中非常受欢迎。帽子糕是皮埃蒙特的典型甜品。其名称的来源有各种理论。根据维托里奥·圣阿尔皮诺（Vittorio Sant'Albino）编纂的《1859年皮埃蒙特语–意大利语字典》（*1859 Piedmontese-Italian dictionary*），这种甜品获得这样的称谓是模具的原因。区域方言中的"bonet"是指圆形无边帽，令人回想起烹饪甜品所用的铜模的形状。事实上，这种类型的模具被称为"bonet ëd cusin-a"，意思是厨房无边帽。根据另一个理论，这个名字源于这样一个事实，即甜品通常在午饭或晚餐结束时享用，所以它就像一个"戴在其他菜顶端"的帽子。

有两种类型的帽子糕。被称为"蒙费拉托"（alla monferrina，因为它是蒙费拉托地区的特色）的那种是最传统的。这一版本既不包括可可粉也不包括巧克力。另一方面，最近的版本只有当阿兹特克人所说的那些"众神的食物"（包括使它变得更黑，赋予更强的味道的巧克力）从南美洲到达欧洲时才有可能实现。在一些皮埃蒙特的版本中，添加了另一种"异国情调"的成分：咖啡。或者，使用干邑白兰地代替朗姆酒，或者以朗格昂贵的榛子装饰，而不是用意式杏仁饼碎屑。

西西里奶油甜馅煎饼卷

CANNOLI SICILIANI

难度2

配料为4人份
制作时间：1小时（28分钟准备+30分钟饧面+2分钟烹饪）

饼皮配料
"00"型面粉 100克
可可粉（不加糖） 10克
糖 15克
鸡蛋 1个
马尔萨拉葡萄酒或朗姆酒 1汤匙
黄油 10克
盐 1撮

馅料配料
新鲜乳清干酪（羊奶所制为佳）250克
糖 100克
蜜饯水果 25克
巧克力片 25克
阿月浑子（开心果） 25克
油炸用橄榄油 适量
装饰用糖粉 适量

做法

将"00"型面粉、可可粉、黄油、鸡蛋、糖和一小撮盐在工作台上混合；然后加入一汤匙马尔萨拉葡萄酒或朗姆酒，继续揉捏。当面团变均匀后，饧约30分钟。

在此期间，准备馅料：筛滤乳清干酪，并与其余配料混合，大致切碎。

将填充物放入冰箱。

将面团擀平并切成10厘米的正方形。面皮包裹住专用卷面金属管，沿着对角线卷起。

以大量油炸用橄榄油炸1～2分钟。方形面皮变成金色时，将其从油中取出，在厨房用纸上晾干并放凉。冷却后将其从金属管中取出。

在裱花袋的帮助下填充煎饼卷，然后将糖粉撒于上方。立即食用即可。一段时间后，馅料的湿度会使面皮失去脆感。

奶油甜馅煎饼卷

奶油甜馅煎饼卷，最著名的西西里甜品之一。根据传说，奶油甜馅煎饼卷起源于卡塔尼塞塔（Caltanissetta），曾经以阿拉伯名字"Kalt El Nissa"为名，意思是"女人之城"。在这里，埃米尔的宠妃创造了这种美味，暗示了苏丹所爱之人的技能。

还有一种传说：奶油甜馅煎饼卷是由卡塔尼塞塔的女修道院的避世修女创造的。

二烤杏仁饼干

CANTUCCINI

难度2

配料为约500克饼干的量
制作时间：40分钟（20分钟准备+20分钟烹饪）

面粉 250克
糖 175克
去皮杏仁 125克
碳酸氢铵 2克
鸡蛋 2个（95克）
蛋黄 2个（30克）
盐 1撮（1克）
香草香精 适量

做法

将所有配料混合在一起，如同正常的酥皮糕点面团一样揉捏。当面团光滑均匀时，将其搓成绳索状。将它们放在一个铺上羊皮纸的烤盘中。

在烤箱中以180℃烘烤约20分钟。

从烤箱中取出绳索，趁热将其沿对角线斜切成片。

将切片放回烤箱，留在烤箱内直到两边变成金黄色即可。

来自普拉托的饼干

二烤杏仁饼干（或称杏仁饼干或普拉托饼干）是托斯卡纳甜品的伟大成就。传统上，它们在整个地区被食用，通常在膳食结束时浸入餐后白甜酒。这些干脆的杏仁饼干源于一种古老的锡耶纳甜品，叫作"米雷塔洛饼干"（Melatello），原来是用面粉、水和蜂蜜制成，后来又加入了鸡蛋、杏仁和其他干果。为了让它们呈现出正确的形状，它们的边角被切下（"canto"是指边角），然后再烘烤一次，以便保存更长的时间。在普拉托，从16世纪开始，将米雷塔洛饼干和二烤杏仁饼干这两种饼干赠送给买了昂贵布料的顾客，成了一种风俗。后者是如此受欢迎，于是取代了前者。

第一道记录这种甜品的食谱是普拉托的学者，生活在16世纪的阿米迪奥·巴尔丹奇（Amadio Baldanzi）。但是，是普拉托的一名饼干制造商安东尼奥·马特伊（Antonio Mattei）[更为人所知的名字是"马唐纳"（Mattonella）]，在一个世纪以后完善了经典的杏仁饼干食谱。这道食谱非常优秀，在意大利和其他国家都获得了很多奖项，其中包括1867年巴黎环球博览会的荣誉奖。今天，普拉托的马特伊糕点店被认为是这种传统美味饼干的守护者。

圆盆奶酪蛋糕

CASSATA

难度3

配料为4人份
制作时间：4小时（1小时准备+至少3小时饧面）

甜品配料
羊乳乳清干酪 250克
糖 90克
纯黑巧克力 30克
蜜饯橙皮 30克
海绵蛋糕 200克
（湿润海绵蛋糕用）黑樱桃酒糖浆配料
糖 125克
水 65毫升

黑樱桃酒 40毫升
装饰配料
糖粉，过筛 100克
水 15毫升
柠檬汁 2~3滴
杏仁蛋白糖 100克
可食用绿色染料 适量

做法

羊乳乳清干酪过筛，放入碗中，加上糖做成奶油。加入切丁的蜜饯橙皮和切碎的纯黑巧克力。

将海绵蛋糕切成薄片，并用它将蛋糕盘的内部排上一层（为了方便移出蛋糕，您可以用厨房用塑料膜铺在模具内部，再用海绵蛋糕衬里）。

用煮锅煮糖水，制成糖浆。当糖浆冷却至温热时，加入黑樱桃酒。用这种糖浆湿润海绵蛋糕。

用羊乳乳清干酪奶油填满蛋糕盘，再用另一层湿润的海绵蛋糕盖上。在冰箱里冷却几个小时。

从模具中取出蛋糕，撒上糖霜——由糖粉与柠檬汁混合得到。

用杏仁蛋白糖覆盖甜品，用几滴可食用绿色染料着色，并用擀面杖推到1毫米~2毫米厚。以蜜饯装饰即可。

一个美味的盆？

根据传统，圆盆奶酪蛋糕，著名的西西里甜品，是在撒拉森人统治岛屿期间的998年，由居住在巴勒莫内城（Kalsa of Palermo）的埃米尔的宫廷厨师发明。这种完美甜品的名字来自阿拉伯语qas'at，意思是大圆盆。

早在16世纪，根据1575年在马扎拉德尔瓦洛（Mazara del Vallo）举行的一次教会议会的文件，圆盆奶酪蛋糕就已经被认为是在四旬期40天的长期斋戒之后庆祝复活节不可或缺的点心。而在18世纪，西西里隐世修女们在复活节庆祝活动前保卫这种传统甜品。幸运的是，对今天的甜品爱好者们来说，圆盆奶酪蛋糕不再受到修女的保护，而是全年都可以制作了。

栗子干果蛋糕

CASTAGNACCIO

难度1

配料为4人份
制作时间：45分钟（15分钟准备+30分钟烹饪）

栗子面 200克
水 140毫升
葡萄干 55克
松子 15克
茴香籽 适量
特级初榨橄榄油 15毫升
盐 1撮

做法

将葡萄干浸泡在热水中约15分钟，然后将其沥干，拧干水使其干燥。

将栗子面放入碗内，再加上一大撮盐。以细微稳定的水流倒入水，直到获得半液体状光滑的面糊。

以少许特级初榨橄榄油润滑烤盘，倒入面糊。用葡萄干、松子和一小撮茴香籽铺在表面，并以细微稳定的速度倒入剩余的特级初榨橄榄油。

约180℃烤箱中烘烤约30分钟。

栗子干果蛋糕的魔法

栗子干果蛋糕是一种成本低廉的蛋糕，通常在托斯卡纳、利古里亚、艾米利亚和皮埃蒙特的亚平宁山脉区域的秋天制作，在那里，栗子成为农村居民饮食的主要元素已经有几个世纪了。

它以不同的名字为人所知，从米格利亚修（*Migliaccio*）到栗子糊（*Pattona*），从巴蒂诺（*Baldino*）到补丁饼（*Toppone*），以及格瑞吉欧（*Ghirighio*）和傻子馅饼（*Torta di neccio*）等名字，还有很多区域性的内容和外观的变化。

看起来，这种甜品起源于卢卡。根据奥吞西欧·朗底（Ortensio Landi）所著并于1553年在威尼斯出版的《对于意大利和其他地方最著名和最可怕之事物的评论》（*Commentario delle più notabili et mostruose cose d'Italia e di altri luoghi*）一书中所述，是一位来自卢卡的叫皮拉德（Pilade）的人，他"第一个制作栗子蛋糕，并因此而被称赞"（*il primo che facesse castagnazzi e di questo ne riportò loda*）。然而，这种甜品在20世纪才从托斯卡纳传播到意大利的其他地方，也是在此时，除了栗子面、水和油之外，面团还加入了像葡萄干、松子、茴香籽、橙皮和迷迭香等成分。关于在栗子蛋糕中使用迷迭香，传说有一个年轻男孩吃了一块年轻女孩给他的栗子蛋糕，无可救药地爱上了她，并请求她嫁给他。原来，迷迭香的针叶已经像强大的爱情魔水一般穿透了他的心。

天使之翼油炸甜脆饼

CHIACCHIERE

难度1

配料为4人份
制作时间：1小时3分钟（30分钟准备+30分钟饧面+3分钟烹饪）

面粉 250克
糖粉 20克
鸡蛋 1个
黄油 25克
牛奶 50克
葡萄果渣白兰地 1汤匙

盐 1撮
发酵粉 1.5克
柠檬皮，磨碎 1/2个柠檬的量
香草香精 适量
油炸用油 适量
装饰用糖粉 适量

做法

将所有配料混合在一起，形成球状物，塑料保鲜膜包裹饧至少30分钟。

在工作台上使用面条机将面团压为薄片。用面团切割机将面片切成矩形或菱形。如有需要，可以在每个矩形或菱形面皮上沿纵向切3个切口，然后取矩形的上部（或菱形的上角），并将其推入中央切口，以获得标志性的"天使之翼"形状。

面片在油锅中油炸约3分钟，然后将其放在厨房用纸上滤油。食用前以糖粉撒于表面即可。

狂欢节万岁

又被称为炸面边（Frappe）、炸布头（Cenci）、炸糖棍（Bugie）、炸扭子（Galani）、炸十字（Crostoli）、炸穗子（Fiocchetti）、炸手套（Guanti）、炸格子（Intrigoni）、炸生菜（Lattughe）、炸波纹（Risole）、炸破布（Stracci）、炸吹气（Pampuglie）等等，"天使之翼"是一种典型的意大利狂欢节活动上的甜品，以无数个当地名称而闻名。它们可以有不同的形状，这取决于怎么切割面片：从粗糙的矩形到不同长度的优雅丝带形，平展或以各种方式捆扎。它们可以用糖粉打粉，也可以用蜂蜜或巧克力浇盖，喷洒上像意大利红色利口酒（Alchermes）这样的甜味酒，也可以配上打发泡的加甜马斯卡邦尼奶酪（mascarpone）食用。

天使之翼是有吸引力的诱人甜品。这部分是由于它们那蓬松金色的外表，部分是由于油炸的魔力，油炸使它们松脆，但同时又易碎。也许是因为它们源于遥远的"擦饼"（frictilia），一种以小麦和蜂蜜为原料，在猪油中油炸而制成的小比萨饼，是古罗马在庆祝立波尔节（Liberalia）的狂欢节期间准备的。这些是一年一度的春天盛宴，为了纪念立波尔父神（Liber Pater）——罗马神话中掌管生殖与农业的神，他同时也掌管自由、葡萄酒和愉悦。这种崇拜取代了纪念酒神巴克斯的酒神节，这个节日由于过于野蛮和暴力被罗马参议院在公元前186年禁止了。

奶油碎巧克力、巧克力和香草冰淇淋

GELATO STRACCIATELLA, CIOCCOLATO E CREMA

难度2

配料约为900毫升冰淇淋的量
制作时间：6小时20分钟（20分钟准备+6小时冷冻）

奶油碎巧克力冰淇淋

牛奶 500毫升
糖 120克
脱脂奶粉 20克
葡萄糖 15克

稳定剂 3.5克
奶油 75克
纯巧克力 适量

做法

将牛奶在煮锅中加热至45℃。混合糖、脱脂奶粉、葡萄糖和稳定剂，并将干混合物以稳定的速度倒入牛奶中。将牛奶加热至65℃，加入奶油并达到85℃时短暂加热，这就是巴氏杀菌法的消毒。将混合物放入容器中并将其浸入一碗冰水混合物中，使其快速冷却至4℃。让混合物在4℃下放置6小时，然后在冰淇淋机中搅拌的同时冷冻，直到混合物不再起泡，看起来干燥而不光滑（所需的时间取决于所使用的冰淇淋机的性能）。一旦冰淇淋准备就绪，混合在切碎的纯巧克力中即可。

巧克力冰淇淋

牛奶 500毫升
糖 130克
可可粉（不加糖） 50克

葡萄糖 15克
稳定剂 3.5克
纯巧克力 10克

做法

将牛奶在煮锅中加热至45℃。混合糖、可可粉、葡萄糖和稳定剂，并将干混合物以稳定的速度倒入牛奶中。将牛奶加热至65℃，达到85℃时短暂加热，这就是巴氏杀菌法的消毒。加入纯巧克力。将混合物放入容器中并将其浸入一碗冰水混合物中，使其快速冷却至4℃。让混合物在4℃下放置6小时，然后在冰淇淋机中搅拌的同时冷冻，直到混合物不再起泡，看起来干燥而不光滑（所需的时间取决于所使用的冰淇淋机的性能）即可。

香草冰淇淋

牛奶 500毫升
蛋黄 3个
糖 150克
葡萄糖 20克

脱脂奶粉 15克
稳定剂 3.5克
奶油 50克
香草香精 1粒

做法

牛奶中加入揉碎的香草香精加热至45℃，然后取出香草香精。混合糖、脱脂奶粉、蛋黄、葡萄糖和稳定剂，并将干混合物以稳定的速度倒入牛奶中。加热至65℃，加入奶油并达到85℃时短暂加热，这就是巴氏杀菌法的消毒。将混合物放入容器中并将其浸入一碗冰水混合物中，使其快速冷却至4℃。让混合物在4℃下放置6小时，然后在冰淇淋机中搅拌的同时冷冻，直到混合物不再起泡，而看起来干燥而不光滑（所需的时间取决于所使用的冰淇淋机的性能）即可。

咖啡沙冰

GRANITA AL CAFFÈ

难度1

配料为4人份
制作时间：2小时

蒸馏咖啡 150毫升
水 255毫升
糖 100克

做法

将糖溶解在沸腾的热蒸馏咖啡中，然后加入水并将液体冷却。

把液体倒入碗内，放在冷柜里。

间隔搅拌咖啡，打碎可能已经开始冻结的任何物体。

持续这样做，直到得到均匀的咖啡。从冷柜中取出并倒入4个碗中享用即可。

苏非派信徒（SUFIS）的能量

从早餐的时候伴随着一个羊角面包出现开始，咖啡沙冰在西西里岛是无所不在的。实际上，沙冰有很多种风味，但是咖啡风味的沙冰是其中的经典。

咖啡由征服者们从南美进口到欧洲。这是通过研磨属于茜草科（*Rubiaceae* family）咖啡属（*Coffea* genus）的一些特定种类的小热带灌木的种子而获得的饮料。今天最常见的咖啡类型，因味道和咖啡因含量有所不同而分为主要分布在埃塞俄比亚、苏丹东南部、肯尼亚北部和也门（在这里，饮用这种饮料的第一个历史记录是1450年的苏非派信徒们）的阿拉比卡（Arabica, *Coffea arabica*）；来自热带非洲的罗布斯塔（Robusta, Coffea canephora）；以及不太普及的发源于利比里亚的利比里卡（Liberica, Coffea liberica）。

有些人认为，咖啡的名字来自埃塞俄比亚西南部的卡法地区（Kaffa），那里的咖啡植物一直在自发地生长，而另一些人则认为咖啡源自阿拉伯语词汇*qahwa*，相应于土耳其语的*kahve*，它们都用于表示这种饮料具有如此令人兴奋和刺激的特性。另一方面，摩卡（*moka*）这个词，在意大利被用于表示家中制作咖啡的咖啡壶，1933年由阿方索·拜尔拉提（Alfonso Bialetti）设计，源于也门的穆哈市（Mokha），而那里，根据著名美食家佩莱格里诺·阿尔图西所著的烹饪手册《烹饪和健康饮食的艺术》（1891年），正是世界上最好的咖啡被发现之处。

热那亚圣诞面包

PANETTONE GENOVESE

难度2

配料为4人份
制作时间：1小时30分钟（30分钟准备+1小时烹饪）

面粉 170克
糖 65克
黄油 80克
葡萄干 50克
松子 20克
鸡蛋 1个
榛子 20克
蜜饯水果 20克
发酵粉 5克
盐 适量

做法

在室温下让黄油自然软化并加入糖。加入鸡蛋，然后加入过筛后的面粉、发酵粉和一撮盐。

将松子、切丁的蜜饯水果、切碎的榛子和葡萄干浸泡在水中15分钟然后挤干水分并混合于面粉中，不要过分揉搓。

将面团搓成球形，压扁并轻轻地将其放于衬有羊皮纸的烤盘上。

170℃烤箱中烘烤50～60分钟即可。

米兰人是所有圣诞面包之父

有着经典的低矮造型，布满松子、榛子、蜜饯和葡萄干的热那亚圣诞面包［也称为"潘多尔切"（pandolce）］绝对是经典的高圆顶米兰圣诞面包的变种。这种面包是典型的意大利圣诞甜品，绝不能从任何一家的餐桌上缺失。

围绕着这道著名甜品的起源涌现出来的传说就像对它自身的争议一样多。然而，只有两个是真正可信的。根据第一个传说，这种面包是米瑟·翁吉托·迪哥里·阿特兰尼（Messer Ughetto degli Atellani）创造的，他是生活在米兰的格拉齐地区（Grazie）的一位猎鹰训练者。因为爱上了阿尔伽萨（Algisa），一位面包师美丽的女儿，他来到面包店作为学徒在那里工作。为了给女孩和他未来的岳父留下深刻的印象，他发明了一种甜面包，就像热蛋糕一样立刻被卖掉。不用说，他赢得了所有人的心，包括阿尔伽萨。第二个传说将圣诞面包的发明追溯到托尼（Toni），他是为因肤色黝黑而被昵称为"摩尔人"的米兰公爵卢多维科（Ludovico il Moro）的主厨工作的厨房帮工。为了将他的主厨从尴尬中挽救出来（因为他为圣诞节宴会而做的甜品几乎完全被烧焦了），他建议把他用储藏室里剩下的原料制成的面包放在桌子上。至少可以说，公爵和他的客人对这道美味的甜品兴趣浓厚。当他们询问这道甜品叫什么的时候，厨师回答说："这是托尼的面包"（L'è'l pan del Toni）。更确切地说，是圣诞面包。

意大利奶冻

PANNA COTTA

难度1

配料为4人份
制作时间：3小时20分钟（20分钟准备+3小时放置）

牛奶 125毫升
奶油 125毫升
糖 50克
鱼胶（明胶） 1张

做法

将牛奶、奶油和糖加入锅中煮沸。

加入先前在冷水中浸泡，然后拧干的鱼胶。

搅拌均匀，注意避免泡沫形成，然后倒入单独的模具中。

在冰箱里冷却几个小时。

从模具中取出并按需要进行装饰即可。食用时可以同巧克力或焦糖调味汁，或与草莓、猕猴桃、梨或其他森林水果制成的水果酱一起食用。或者，可以用切碎的榛子或阿月浑子（开心果）来装饰奶冻。

原味，配焦糖、咖啡或水果皆可

意式奶冻是一种勺子甜品，属于皮埃蒙特的传统甜品。据说是20世纪初由一位匈牙利籍女士在朗格创造的。

为了确保这种细腻的白色奶冻变得尽可能柔软，应该使用奶油，而不是使用牛奶和奶油的组合：一半的奶油被煮沸，而另一半被打发，使其坚挺。煮沸的奶油一旦冷却到室温后，就应该把两种奶油仔细混合在一起，从底部到顶部搅拌，这样奶油就不会失去坚挺。

基本混合物有两种变体。第一个是咖啡变体：将3茶匙的速溶咖啡和半杯白兰地或另一种烈性甜酒加入到被煮沸的奶油中。然后，当从模具中取出甜品时，撒上过筛后的可可粉。另一种水果变体在夏季时是很理想的甜品。煮沸的奶油在冷却至室温后，将小块罐装或新鲜水果加入。确保柠檬汁洒在任何一种有变为棕褐色倾向的新鲜水果上。奶冻也可以搭配水果酱，可以选用与奶冻混合物中相同的水果，也可以使用其他的水果酱。在原来的食谱中，奶冻可以直接食用，因为它自身被焦糖化或是被焦糖包裹。在后一种情况下，糖应在小锅中用水和几滴柠檬汁溶化。煮沸，直到混合物变成琥珀色，但仍然呈液体状。然后将其倒入一个大模具或分到几个单独的小模具的底部，待其冷却，然后倒入牛奶和奶油的混合物即可。

巧克力杏仁蛋糕

PARROZZO

难度2

配料为4人份
制作时间：1小时30分钟（40分钟准备+50分钟烹饪）

甜品配料
鸡蛋 4个
面粉 70克
玉米粉 35克
去皮甜杏仁 125克
苦杏仁 2~3个
糖 160克

发酵粉 12克
柠檬皮，磨碎 1个柠檬的量
黄油 10克
模具所需面粉 适量
装饰配料
奶油 50克
纯黑巧克力 100克

做法

将去皮甜杏仁和苦杏仁磨碎至细粉，同时加入一些面粉（这样油不会与杏仁分开），然后与其余的过筛的面粉、玉米粉和发酵粉混合。

搅拌鸡蛋黄并加入一半的糖和磨碎的柠檬皮。

在另一个碗里，把蛋清与剩下的糖一起搅拌。

将1/4的搅拌蛋清加入到打好的蛋黄中，然后加入杏仁和面粉混合物，并仔细地调入其余的蛋清。

将混合物倒入一个半球状，涂抹过黄油和面粉的模具中，并以170℃~180℃烘烤45~50分钟。

把蛋糕从模具中倒在一个餐盘里，待其冷却。

将奶油放入一个小锅中煮沸，离火并加入切碎的纯黑巧克力。搅拌直到巧克力融化，浇盖于蛋糕表面即可。

爱吃甜品的邓南遮

巧克力杏仁蛋糕是阿布鲁佐的传统圣诞甜品，特别是在佩斯卡拉市（Pescara），这道甜品就是1920年在这个城市被创造出来的。路易吉·德阿米科（Luigi D'Amico），一个来自佩斯卡拉的甜品商，他把阿布鲁佐农民的古代面包变成了一种甜品。他选择了一个圆顶形的模具来复制典型的整条面包的形状，并向混合物中加入鸡蛋和杏仁，使其变为类似用玉米面粉制成的乡村面包的黄色。为了模仿在一个燃木烤炉中煮熟的黑壳，他想到了把熔化的巧克力倒在甜品上的想法。但是，巧克力杏仁蛋糕依然还没有诞生，直到著名作家和政治家加布里埃尔·邓南遮（Gabriele D'Annunzio）碰巧进入糖果店时，它的命名洗礼才真正到来。当被问及应该给新甜品取什么名字时，邓南遮毫不犹豫地说："巧克力杏仁蛋糕"，直截了当，真诚，没有任何虚饰。

那不勒斯复活节馅饼

PASTIERA NAPOLETANA

难度3

配料为4人份
制作时间：2小时30分钟（50分钟准备+1小时饧面+40分钟烹饪）

面皮配料
"00"型面粉 200克
黄油 100克
糖 100克
发酵粉 2克
鸡蛋 1个
柠檬皮，磨碎 1个柠檬的量
盐 1撮
甜品奶油配料
蛋黄 1个
糖 55克

面粉 18克
牛奶 200毫升
馅料配料
乳清干酪 250克
糖粉 75克
甜品奶油 225克
蛋黄 1个
复活节馅饼特制熟小麦 150克
蜜饯柚子 50克
食用橙花水 适量

做法

在室温中软化黄油，然后在碗中与糖混合，再加入鸡蛋、磨碎的柠檬皮和一撮盐。与过筛后的"00"型面粉及发酵粉混合，继续揉捏。

让面团在冰箱里饧至少一个小时。然后用擀面杖在撒上面粉的台面上将其压至3毫米～4毫米的厚度。用油酥面皮铺满蛋糕盘（如果你想要在装入填充物后装饰馅饼的表面，则应该在两边各留一点面皮）。

制作甜品奶油时，将碗中的蛋黄打碎并加入糖，加入面粉拌匀。将牛奶煮沸并加入到鸡蛋混合物中。再次煮沸，然后迅速冷却。

将乳清干酪过筛后倒入碗中，加入糖粉、甜品奶油、蛋黄、熟小麦、切丁的蜜饯柚子和食用橙花水。搅拌均匀。

将馅料倒入蛋糕盘中。以烤架的样式盖上面皮条，180℃烘烤。将馅饼从蛋糕盘中取出之前，让馅饼完全冷却即可。

复活节馅饼的传奇

这种传统复活节甜品的传奇起源可归功于美人鱼帕尔泰诺佩（Partenope）。为了感谢她悠扬美妙的声音，那不勒斯湾的居民决定给她一份用面粉做成的礼物，这是土地财富的象征。乳清干酪，由牧羊人和牧羊女提供；鸡蛋，是重生的象征；在牛奶中煮熟的谷物，代表植物和动物王国之间的联盟；橙花水，向土地的致敬；蜜饯水果和香料代表遥远的土地上的人；还有糖，好像她的歌声一样。美人鱼沉入水中，献祭于众神的脚边，众神被甜美的声音施了魔法，将它们混合在一起，创造了历史上的第一道复活节馅饼。它甚至比帕尔泰诺佩本人更甜蜜！

意大利榛子冰激凌蛋糕

SEMIFREDDO ALL'ITALIANA ALLA NOCCIOLA

难度3

配料为4人份
制作时间：4小时（1小时准备+3小时冷冻）

甜品奶油 300克
无糖打发奶油 415克
意大利蛋白酥 135克
榛子酱 80克
甜品奶油配料
蛋黄 2个
糖 75克

面粉 28克
牛奶 250毫升
意大利蛋白酥配料
蛋清 2个的量
糖 120克
水 20毫升

做法

准备意大利蛋白酥配料。把2/3的糖和水放在小锅里。同时，将蛋清与剩下的糖一起搅打，直到它们变硬。

当煮锅中的糖达到120℃时，将其倒至搅打好的蛋清上，继续搅打，直到它们变冷。暂时放置在一边。

准备甜品奶油时，将碗中的蛋黄加糖搅碎，加入面粉拌匀。

煮开牛奶，加入打碎的蛋黄，煮至沸腾。快速冷却混合物。加入榛子酱。

仔细混合两种混合物，然后小心地加入无糖打发奶油。

将混合物倒入特殊的模具中，至少冷冻3小时。

从模具中取出即可。

圆形温和三叶榛子

榛子的"圆形温和三叶榛子"（Tonda Gentile Trilobata）品种，也被称为"皮埃蒙特榛子"，是一种三叶的圆形软坚果，出产于库内奥（Cuneo）、阿斯蒂和亚历山德里亚（Alessandria）等地，享有地理标识保护身份。它是一种味道很好的榛子，受到糖果行业的青睐，普遍被认为是世界上最好的榛子。

在皮埃蒙特美食中，它在甜品中的出现，主要是在蛋糕和干甜品。一位来自都灵的巧克力制作高手考虑把这种榛子和巧克力结合起来，从而创造出了第一份榛子巧克力酱菜谱，与异国情调的可可粉联合起来，皮埃蒙特榛子的芬芳和质量被精确地发挥到最高水准。

榛子是一种绝妙的能量来源。除了高含量的必需氨基酸和具有优异抗氧化性能的生育酚（antioxidant properties），包括维生素E之外，榛子坚果特别富含单不饱和脂肪酸，如油酸，在干坚果中是单体饱和/多不饱和脂肪酸比率最高的。

柠檬冰糕

SORBETTO AL LIMONE

难度1

配料为约1升冰糕的量
制作时间：6小时30分钟（30分钟准备+6小时冷冻）

水 440毫升
柠檬汁 190毫升
蔗糖 190克
葡萄糖浆粉 38克
葡萄糖 13克
稳定剂 7.5克

做法

将干成分混合在一起：蔗糖、葡萄糖浆粉、葡萄糖和稳定剂。

将它们匀速倒入沸水中，用搅拌器充分混合，加热至65℃。

将混合物冷却，然后在约4℃下静置6小时。

加入柠檬汁，将冰糕倒入冰淇淋机（搅拌所需时间根据所用机器的类型而不同）即可。

烹饪中的柠檬

没有柠檬我们如何能在厨房里烹饪美食？柠檬是珍贵的，不仅因为它们具有独特的香气，还因为它们有助于消化某些食物的特性，尤其是所有肉类和鱼类以及油炸食品。饭后，热汤或烈性甜酒如传统的柠檬甜酒是理想的饮料。在咖啡和大麦咖啡中加入几滴柠檬汁，您就可以获得一种令人振奋的饮品了。

柠檬为面食和米饭增加了品味，无论是热食还是冷食，它可以从野味中消除"野膻味"，这种味道不是每个人都能欣赏的。在调料中它也是醋的绝佳替代品。作为一种沙拉酱它是完美的，并且在制作精妙味道的蛋黄酱时也是如此。几滴柠檬汁也有助于从调料和油腻食物中除去多余的油脂，使其更清淡，更易消化。这种柑橘类水果有一种不可或缺的能力，可以阻止新鲜切割的水果和蔬菜氧化，即阻止它们变成褐色的倾向。因此，当您清洁朝鲜蓟或胡萝卜时，可以将一点柠檬汁加入水中；同样，柠檬汁也可以添加到水果沙拉中。

柠檬汁本身也可以轻微地"烹饪"食物：它用于生鱼和生肉菜品的制作，如鞑靼肉类（tartare）或生肉生鱼片（carpaccio）。就像柠檬的果肉被用作地中海风味的沙拉和熟蔬菜的酱料一样，柠檬皮，切碎或切块，也可以为甜品奶油和蛋糕增添更多的风味。

苹果果馅卷饼

STRUDEL DI MELE

难度2

配料为4人份
制作时间：1小时50分钟（1小时准备+30分钟饧面+20分钟烹饪）

面皮配料
面粉 250克
水 150毫升
特级初榨橄榄油 20毫升
盐 1撮
馅料配料
苹果 800克
葡萄干 100克

松子 100克
黄油 57克
面包屑 57克～100克
肉桂 适量
装饰配料
鸡蛋 1个
糖粉 适量

做法

将面粉与水、特级初榨橄榄油和盐在工作台上混合，揉捏直到面团光滑均匀。形成一个球状，用塑料保鲜膜包裹，饧至少30分钟。

与此同时准备卷饼的馅料。苹果削皮，切成片。将葡萄干浸在温水中15分钟，拧干水。将苹果片、黄油与葡萄干、松子和一撮肉桂一起在煎锅里低温快炒。用面包屑调节馅料的黏稠度。

在工作台上轻轻撒上一层薄面粉，将面团置于台上用手背将其拉伸成薄片。沿着面团的长边用勺子放置馅料，每团之间留下约5厘米的间隔，将其卷起，用手指沿着边缘按下并卷曲两端，确保其密封良好。

用一把叉子轻轻地在碗中打碎蛋黄，用刷子刷在卷饼表面，将其放在一个带有羊皮纸的烤盘中，170℃～180℃烘烤约20分钟。在完成之前的几分钟，撒上糖粉并完成烘烤即可。卷饼也可以与打发奶油一起食用。

土耳其起源和特伦托苹果

苹果果馅卷饼是特伦托甜品的象征。据说源于日耳曼人或者蒂罗尔人，但事实并非如此；苹果果馅卷饼起源于土耳其。实际上，它起源于许多世纪前，至今仍然广泛传播的典型的土耳其甜品"蜜糖果仁千层酥"（baklava）的意大利版本。它含有用面包、核桃和干果组成的馅料，以相当强烈的烈性甜酒软化和调味，并裹在面团里烘烤。

似乎是在土耳其统治匈牙利近200年的时间里，从16世纪上半叶到17世纪末，蜜糖果仁千层酥稍微修改了一些主要成分：苹果。特伦蒂诺-阿尔托·阿迪耶特（Trentino-Alto Adige）以生产高质量的苹果而著称，所以它被引入了传统美食并不是偶然的。

油炸蜂蜜球

STRUFFOLI

难度1

配料为4人份
制作时间：35分钟（30分钟准备+5分钟烹饪）

面食配料
面粉 300克
黄油 40克
糖 25克
牛奶 15毫升
盐 1撮
小苏打 1撮
鸡蛋 2个
蛋黄 1个

茴香酒 1汤匙
蜜浆配料
蜂蜜 225克
彩色小糖屑（diavolilli）10克
蜜饯橙皮 30克
油炸用油 适量

做法

在制作蜂蜜球之前30分钟，从冰箱中取出黄油，使其在室温下软化。

在一个非常大的碗里或是在工作台上的面粉中挖出一个凹坑。加入黄油、糖、牛奶、盐、小苏打、鸡蛋、蛋黄和茴香酒。

使用叉子或双手，开始混合凹坑中心的成分，一点一点地开始掺入面粉，揉捏，直到获得柔软、均匀的面团。

如果面团太软或太硬，可以加入面粉或牛奶。

一旦获得正确稠度的均匀面团，继续揉搓5~6分钟，然后在碗中饧至少15分钟，碗上覆盖着一块布以免面团暴露在空气中。

现在你可以开始准备蜂蜜球了。

制作蜂蜜球：用手分开面团，并将其卷成直径约1厘米的长圆柱形条。将圆条切割分成约1厘米长的面团。

将面团浸入一锅沸腾的油炸用油中炸，一次放入少量。一旦它们变成金棕色（这应该需要5~10秒钟），用漏勺将它们从油中取出，然后将它们放在垫着厨房纸的盘子中。

制作蜜浆时，在大煮锅里煮蜂蜜。一旦开始煮沸，加入蜜饯橙皮，搅拌。

煮1~2分钟，直到蜂蜜开始出现泡沫。煮锅离火，加入炸好的面团。轻轻搅拌，小心保持蜂蜜球不要粘连在一起，然后把它们放置在盘中等待冷却，用彩色小糖屑装饰。

在室温下享用即可。

提拉米苏

TIRAMISÙ

难度2

配料为4人份
制作时间：2小时30分钟（30分钟准备+2小时饧面）

巴氏杀菌蛋黄 4个
巴氏杀菌蛋清 2个的量
糖 125克
马斯卡邦尼奶酪 250克
白兰地（可选） 25毫升
加糖咖啡 200毫升
意大利手指饼干 8块
不含糖可可粉 适量

做法

在碗里打散鸡蛋并加入大多数的糖，在隔水炖锅里稍微加热混合物。

在另一个碗里，把蛋清与剩下的糖一起搅拌。

将马斯卡邦尼奶酪搅拌到蛋黄中，然后加入硬化后的蛋清，从底部到顶部小心混合，这样可以使混合物保持轻盈和泡沫状。

把意大利手指饼干放在加糖咖啡中（如果愿意你可以加一点白兰地），把它们放在盘子的底部或4个小盘子里。然后倒入一层奶油混合物，并继续交替层压饼干和奶油。

将提拉米苏放在冰箱里约2个小时。

撒上大量不含糖可可粉装饰即可。

数不胜数的一千零一种提拉米苏

拜马斯卡邦尼奶酪非常细腻的味道所赐，再加上浓浓的咖啡香气提升口味，提拉米苏成了世界上最受欢迎的意大利甜品之一。

看起来，这道诱人的勺子甜品，令人回想起传统的哈布斯堡皇家糖果，是在20世纪60年代末在特雷维索的"肉铺"（Alle Beccherie）餐厅被创造出来的，由曾在中欧地区工作过的糕点厨师罗伯托·林夸诺提（Roberto Linguanotto）发明。其最初的威尼托语名字拼作"tiramisu"，意大利语化为"tiramisù"，同时更加强调了甜品的营养和滋补品质。随着时间的推移，已经出现了提拉米苏的许多变体，例如没有鸡蛋和马斯卡邦尼奶酪的素食版本。或者用不同配料制作而成的数千种变体。它可以用甜饼干或海绵蛋糕制成，而不是用手指饼干，使用酸奶或是乳清奶酪，而不是马斯卡邦尼奶酪，制作出更清淡的版本，用更少的咖啡，或用众多水果来彻底取代咖啡，还有以杏仁饼干或椰子代替可可的诸多版本。

大米蛋糕

TORTA DI RISO

难度2

配料为4人份
制作时间：1小时30分钟（50分钟准备+40分钟烹饪）

牛奶 500毫升
大米 100克
糖 100克
鸡蛋 2个
柠檬皮，磨碎 1/2个柠檬的量
茴香酒 1酒杯
黄油 10克

做法

中火将大米在加糖的牛奶中煮约40分钟。

待米饭凉后，加入鸡蛋、茴香酒和磨碎的柠檬皮。

将混合物倒入一个充分抹过黄油的蛋糕盘。

180℃烘烤35～40分钟，直到蛋糕表面变为金黄色且质感酥脆。

蛋糕变凉之后，切成小菱形，每一块戳入一根取食扦即可。

每个地区都有自己的大米甜品

大米蛋糕是一种在意大利各地都很普及并有各种各样变化的甜品。似乎是大米蛋糕的诞生地的博洛尼亚的典型版本被称为"装饰蛋糕"（torta degli addobbi），因为传统上它是为装饰节（Festa degli Addobbi）准备的，这是一个起源于17世纪，为纪念博洛尼亚诸堂区各自的10年纪念而举行的节日。当彩旗从当年纪念的堂区居民的窗户上挂起的时候，他们就会为邻居们提供一片甜品，其中就有大米蛋糕和其他一些甜品的食谱，包括去皮的杏仁（或半杯苦杏仁利口酒）和蜜饯柚子。

在其他区域的版本中，配料还包括杏仁饼干或是巧克力片。一些食谱也配有葡萄干、松子和磨碎的椰子。即使是增加蛋糕风味和特质的烈酒，也是随着地区的变化而变化。它可以是胭脂红利口酒（Alchermes）、萨索利诺茴香酒（Sassolino）或黑樱桃酒那样甜美芳香的酒，也可以是像干邑白兰地（Cognac）一样更烈的酒精饮料。

用于这种甜品的水稻的种类通常是阿尔博里奥圆粒米，但是不同种类的水稻数量可能会有所不同。即使其他成分的数量也可能会根据当地的传统而有所不同。例如，在马萨-卡拉拉，由于其含有大量的鸡蛋，经典的大米蛋糕在韧度上更像是牛奶冻。每100克的大米至少加5个鸡蛋……

糖酥蛋糕

TORTA SBRISOLONA

难度1

配料为4人份
制作时间：38分钟（20分钟准备+18分钟烹饪）

面粉 100克
玉米面粉，细磨 25克
糖 75克
黄油 75克
杏仁，磨碎 75克
蛋黄 1个
发酵粉 0.5克
整杏仁 12个
柠檬皮，磨碎 适量

做法

除了整杏仁，将其余所有配料混合在一起。黄油在室温下软化。搓揉混合物。

将混合物放在模具中，轻轻按下，并用整杏仁进行装饰。

170℃烤箱烘烤约18分钟，或直到蛋糕变为金黄。

从乡野到贡扎加宫廷

这道甜品是曼图亚美食的绝佳经典。因为酥脆，它被称为 "sbrisolòna"（或 "sbrisolona" "£sbrisolina" "sbrisulusa" 或 "sbrisulada"）。它似乎是在17世纪首次被制作出来，但在农村也许还要早得多，后来在曼托瓦的贡扎加宫廷取得了巨大的成功。

这种蛋糕原来只是一种由农村居民制造出来的甜品，只使用了玉米面和简陋的猪油而不是黄油。他们也使用榛子代替杏仁，因为它们便宜得多。也许这些配料在贡扎加宫廷的桌子上变得更加精致：白面粉开始与玉米面一起使用，黄油替代了猪油，同时杏仁代替了榛子。在后一种情况下，这一食谱由于象征性的原因被贵族化，在文艺复兴时期这种感受特别强烈：杏仁被认为是对立者的统一、光明和重生的神圣象征，而反过来榛子却只是女巫们喜欢的油腻种子而已……

根据传统，糖酥蛋糕应该是相当硬的，所以它需要在中间重重地敲击以打破它。痴迷者和新手都应该知道用刀切割是一种"犯罪行为"……糖酥蛋糕必须用手击碎，当然，还要用手拿着吃掉。有时还可以搭配甜蜜的白色甜品酒，比如圣酒或是潘泰莱亚麦秆酒（Passito di Pantelleria）。

冻圆顶蛋糕

ZUCCOTTO

难度3

配料为4人份
制作时间：3小时（1小时准备+2小时冷冻）

意大利蛋白酥配料
蛋清 60克
糖 120克
甜品配料
奶油 300克
纯巧克力 35克
可可粉（不加糖）15克

海绵蛋糕 250克
湿润海绵蛋糕配料
糖 80克
水 30毫升
黑樱桃酒（或其他利口酒）30毫升

做法

在煮锅中煮糖水，制成糖浆。当冷却至温热时，加入黑樱桃酒或其他利口酒。

制作意大利蛋白酥：以120℃加热105克糖与20毫升水。同时，搅打加入了15克糖的蛋清。当蛋清固化时，煮锅中的糖应该已经煮熟。此时，将糖加到已经搅打好的蛋清中，继续搅拌，直到混合物变得温热。在奶油还冷的时候搅打，将其分成2碗。将过筛的可可粉加入一个碗中，将切碎的纯巧克力加入另一个碗中搅拌。在每个碗中搅拌75克的蛋白酥。

海绵蛋糕切片，并使用其中的一部分将半球形模具或布丁碗的内部铺垫一层（为了便于以后移出蛋糕，可以用塑料保鲜膜贴在模具的内部，然后再用海绵蛋糕衬里）。用黑樱桃酒或其他利口酒糖浆滋润海绵蛋糕。用加可可的奶油覆盖在模具中的海绵蛋糕上，然后将加巧克力的奶油倒在顶部，以使蛋糕丰满。

将其余的海绵蛋糕切片放入黑樱桃酒或其他利口酒糖浆中，然后放在蛋糕顶部，将蛋糕放入冷柜中至少2小时。食用前5～10分钟从冷柜中取出即可。蛋糕也可以用意大利蛋白酥装饰（在这种情况下，另做一份蛋白酥用来装饰），使用厨房喷灯制造出釉面。为了给这道甜品上釉，将火焰快速地燎过表面，保持5厘米～10厘米的距离，以便在不烤焦蛋白酥的情况下赋予蛋糕一种淡淡的金色。

头盔形的甜品

冻圆顶蛋糕是托斯卡纳，特别是佛罗伦萨的典型甜品。它的起源归功于巴托罗缪·布翁塔伦提（Bartolomeo Buontalenti），他有建筑师、雕塑家、化学家、军事工程师、编舞家等等许多头衔，当他在16世纪下半叶，作为美第奇宫廷客人的时候，创造了这一美食。他已经以发明了一台制作冰糕的机器而出名了，而且他似乎也创造了这种历史上的第一种冰淇淋蛋糕。它得名于为了冷冻成半球的形状而采用的类似于当时步兵头盔的金属容器的名称。由于它覆盖了头部的上半部分，在托斯卡纳方言中称为"zucca"的部分，所以这种小头盔被称为"zuccotto"。

作者简介

意大利百味来烹饪学院（Academia Barilla）于2004年在帕尔马的百味来中心成立。它致力于服务专业人士（厨师和餐馆老板），也致力于服务食品爱好者和意大利美食爱好者。烹饪学院提供2500平方米的设施，用于教授如何识别和利用最好的"原产地名称保护"（Protected Designation of Origin）食材，以保护这些食材免受仿制和不当使用。烹饪学院还提供近百门致力于意大利美食艺术的课程：从原材料到历史遗产，从制作技术到餐饮服务。这里还是探索帕尔马地区美食和葡萄酒之旅的理想出发地。此外，意大利百味来烹饪学院还拥有一个向公众开放的馆藏丰富的美食图书馆，提供珍贵的历史菜单和美食印刷品。

达维德·奥达尼（Davide Oldani）出生于米兰，曾在许多世界级伟大厨师的指导下学习烹饪艺术多年。从餐饮学校毕业后，他立即开始了与瓜尔提洛·马齐赛（Gualtiero Marchesi）的合作。那时候这位伟大的米兰厨师成了新闻界的关注热点，他的声望并不局限于烹饪成就。之后，达维德·奥达尼还曾经在伦敦的加夫罗契（Gavroche）餐馆为阿尔伯特·洛克斯（Albert Roux）和蒙特卡洛的路易十五（Louis XV）餐馆为阿莱恩·杜卡斯（Alain Ducasse）工作。他的工作经验还包括担任多家美国大型跨国公司的顾问和餐饮经理，并且在日本和美国帮助瓜尔提洛·马齐赛的意大利美食获得巨大的声望。2003年，达维德·奥达尼实现了最艰难的目标：开始了自己的创业。他开创了自己名为D'O的所谓"小饮食店"（trattoria），并且在短时间内就获得了第一个"米其林指南"星级。今天的达维德·奥达尼是国际餐饮舞台上评价最高，也是最有趣的厨师之一。

意大利菜

ADA BONI, *Italian Regional Cooking*, Crescent, 1987.

Luigi Carnacina - Luigi Veronelli, *La cucina rustica regionale*, Rizzoli, 1980-1981, 4 vols.

Gualtiero Marchesi, *La cucina regionale italiana*, Mondadori, 1993.

Grazia Novellini and Bianca Minerdo, edited by, *1000 Recipes: Real Traditional Recipes from the Finest Osterias in Italy*, Rizzoli, 2011.

Carlo G. Valli, *75 piatti da salvare della cucina regionale italiana*, Cierre, 2002.

Italia in cucina: i piatti della tradizione regionale in oltre 700 ricette, Mondadori, 2004.

Accademia Italiana della Cucina, *Il ricettario della cucina regionale*, Touring Club Italiano, 2004.

Italian's Great Chefs and their Secrets, White Star, 2009.

意大利地方美食

Giovanni Goria, *La cucina del Piemonte: il mangiare di ieri e di oggi del Piemonte collinare e vignaiolo*, Muzzio, 1990.

Alessandro Molinari Pradelli, *La cucina lombarda, le gustose ricette tradizionali e i piatti tipici di una regione che vanta uno dei patrimoni gastronomici più vari d'Italia*, Newton & Compton, 1997.

Alda Vicenzone, edited by, *La vera cucina del Friuli-Venezia Giulia*, Mondani, 1977.

Linda Zucchi, *Le ricette della mia cucina veneta e ricette di cucina trentina e altoatesina*, Edizioni del Riccio, 1983.

Salvatore Marchese, *La cucina ligure di Levante, le fonti, le storie*, le ricette, Muzzio, 1990.

Alessandro Molinari Pradelli, *La cucina dell'Emilia Romagna, alla scoperta di una delle tradizioni gastronomiche più famose d'Italia attraverso centinaia di gustosissime ricette*, Newton & Compton, 1998.

Giovanni Righi Parenti, *La cucina toscana, i piatti tipici e le ricette tradizionali provenienti da tutte le province toscane, per riscoprire i sapori genuini di una delle più gustose e fantasiose gastronomie d'Italia*; introduction by Nanni Guiso, Newton & Compton, 1995.

Ida Fabris, *Le ricette della mia cucina marchigiana, umbra e abruzzese*, Edizioni del Riccio, 1979.

Ada Boni, *La cucina romana: piatti tipici e ricette dimenticate di una cucina genuina e ricca di fantasia*, Newton & Compton, 1983.

Alda Vicenzone, edited by, *La vera cucina di Roma e del Lazio*, Mondani, 1977.

J. Carola Francesconi, *La cucina napoletana*; preface by Mario Stefanile, Edizioni del Delfino, 1977.

Giancarlo Lanari, *La cucina lucana, ricette tradizionali di Basilicata*, A.I.R.C., 1990.

Luigi Sada, *La cucina pugliese, un autentico vademecum della tradizione culinaria pugliese, dalle antiche ricette, riscoperte dal noto storico della gastronomia, ai nuovi ghiotti e gustosi sapori*, Newton & Compton, 1994.

Giuseppe Coria, *Sicily: Culinary Crossroads (Italy's Food Culture)*, Oronzo Editions, LLC 2009.

Franca Fiorio Saba, *La cucina sarda*, Sansoni, 1977.

图书在版编目（CIP）数据

意大利经典美食 ／ 意大利百味来烹饪学院著 ； 任超
译. — 北京 ：北京美术摄影出版社，2020.2
ISBN 978-7-5592-0306-9

I. ①意… II. ①意… ②任… III. ①食谱—意大利
IV. ①TS972.185.46

中国版本图书馆 CIP 数据核字（2019）第 214317 号

北京市版权局著作权合同登记号：01-2017-0853

责任编辑：耿苏萌

助理编辑：于浩洋

责任印制：彭军芳

意大利经典美食
YIDALI JINGDIAN MEISHI

意大利百味来烹饪学院　著
任超　译

出　版　北京出版集团公司
　　　　　北京美术摄影出版社
地　址　北京北三环中路6号
邮　编　100120
网　址　www.bph.com.cn
总发行　北京出版集团公司
发　行　京版北美（北京）文化艺术传媒有限公司
经　销　新华书店
印　刷　北京汇瑞嘉合文化发展有限公司
版印次　2020年2月第1版第1次印刷
开　本　787毫米×1092毫米　1/8
印　张　37.5
字　数　437千字
书　号　ISBN 978-7-5592-0306-9
定　价　198.00元

如有印装质量问题，由本社负责调换
质量监督电话　010-58572393